AF500940

HISTOIRE

DES PLANTES

TOME V

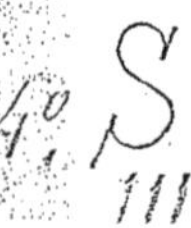

PARIS. — IMPRIMERIE DE E. MARTINET, RUE MIGNON, 2

HISTOIRE
DES PLANTES

PAR

H. BAILLON

PROFESSEUR D'HISTOIRE NATURELLE MÉDICALE A LA FACULTÉ DE MÉDECINE DE PARIS
DIRECTEUR DU JARDIN BOTANIQUE DE LA FACULTÉ
PRÉSIDENT DE LA SOCIÉTÉ LINNÉENNE DE PARIS

TOME CINQUIÈME

GÉRANIACÉES, LINACÉES, TRÉMANDRACÉES, POLYGALACÉES
VOCHYSIACÉES, EUPHORBIACÉES, TÉRÉBINTHACÉES, SAPINDACÉES
MALPIGHIACÉES, MÉLIACÉES

Illustrées de 484 figures dans les textes

DESSINS DE FAGUET

PARIS
LIBRAIRIE HACHETTE & Cie
BOULEVARD SAINT-GERMAIN, 79
LONDRES, 18, KING WILLIAM STREET, STRAND

1874

HISTOIRE DES PLANTES

MONOGRAPHIE

DES

GÉRANIACÉES

LINACÉES, TRÉMANDRACÉES, POLYGALACÉES

ET

VOCHYSIACÉES

PARIS. — IMPRIMERIE DE E. MARTINET, RUE MIGNON, 2

HISTOIRE DES PLANTES

MONOGRAPHIE

DES

GÉRANIACÉES

LINACÉES, TRÉMANDRACÉES, POLYGALACÉES

ET

VOCHYSIACÉES

PAR

H. BAILLON

PROFESSEUR D'HISTOIRE NATURELLE MÉDICALE A LA FACULTÉ DE MÉDECINE DE PARIS
DIRECTEUR DU JARDIN BOTANIQUE DE LA FACULTÉ, PRÉSIDENT DE LA SOCIÉTÉ LINNÉENNE DE PARIS

ILLUSTRÉE DE 142 FIGURES DANS LES TEXTES

DESSINS DE FAGUET

PARIS
LIBRAIRIE HACHETTE & Cie
BOULEVARD SAINT-GERMAIN, 79
LONDRES, 18, KING WILLIAM STREET, STRAND

1873

XXXVI

GÉRANIACÉES

I. SÉRIE DES BIEBERSTEINIA.

Ce n'est pas par les Géraines (fig. 1, 8-14), quoiqu'elle leur doive son nom, que nous commencerons l'étude de cette famille ; mais leurs

Geranium Robertianum.

Fig. 1. Rameau florifère.

carpelles ne sont point indépendants, et l'un des types dans lequel cette disposition existe, est celui des *Biebersteinia*[1] (fig. 2-7). Nous analyserons donc en première ligne leurs fleurs, qui sont régulières et herma-

1. STEPH., in *Mém. Soc. nat. Mosc.*, I, 89, t. 9. — DC., *Prodr.*, I, 707. — A. JUSS., in *Mém. Mus.*, XII, 458. — ENDL., *Gen.*, n. 6044. — LINDL., *Veg. Kingd.*, 471. — JAUB. et SPACH, *Consp. gen.* Biebersteinia (in *Ann. sc. nat.*, sér. 3, VI, 137). — B. H., *Gen.*, 271, n. 1. — SCHNIZL., *Iconogr.*, XII, t. 253. — H. BN, in *Adansonia*, X, 317.

phrodites, avec un réceptacle convexe. Celui-ci porte de bas en haut, un calice de cinq sépales, et une corolle de cinq pétales, alternes, imbriqués les uns et les autres [1] dans la préfloraison. L'androcée est formé de dix étamines, superposées, cinq aux sépales, et cinq aux pétales :

Biebersteinia Emodi.

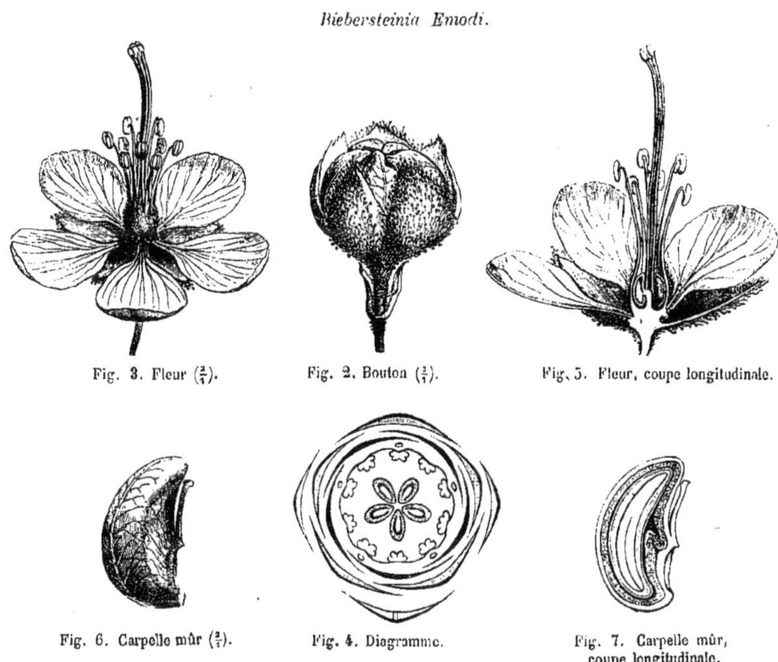

Fig. 3. Fleur ($\frac{2}{1}$). Fig. 2. Bouton ($\frac{3}{1}$). Fig. 5. Fleur, coupe longitudinale.

Fig. 6. Carpelle mûr ($\frac{2}{1}$). Fig. 4. Diagramme. Fig. 7. Carpelle mûr, coupe longitudinale.

ces dernières sont plus longues que les cinq autres; elles ont des filets insérés au-dessous de l'ovaire, unis entre eux dans leur portion inférieure, puis libres et surmontés chacun d'une anthère biloculaire, introrse, versatile, déhiscente par deux fentes longitudinales. En dehors de l'androcée, et dans l'intervalle des pétales, se trouvent cinq glandes de forme variable. Puis le réceptacle s'atténue en une mince columelle qui supporte cinq carpelles indépendants, oppositipétales. Ils se composent chacun d'un ovaire uniloculaire, dont l'angle interne porte un placenta sur lequel s'insère un seul ovule, incomplétement anatrope, descendant, à micropyle supérieur et extérieur [2]. Vers le milieu de la hauteur du bord interne de cet ovaire s'insère un style libre, qui va bientôt se coller aux quatre autres styles pour former avec eux une

1. Les pétales sont parfois tordus (fig. 4)

2. Pourvu d'un double tégument.

colonne cannelée, grêle, à extrémité stigmatifère légèrement renflée en tête. Le fruit, enveloppé du calice persistant et accru, se compose de cinq achaines à surface rugueuse, réticulée; ils renferment chacun une graine arquée dont les téguments recouvrent un albumen charnu peu épais et un embryon courbe, à cotylédons plans ou plus ou moins plissés, et à radicule conique, supérieure. Les *Biebersteinia* sont des herbes vivaces de la Grèce, de l'Orient et de l'Asie centrale [1]. De leur tige vivace, souvent courte, et plus ou moins renflée en une masse tubéreuse, en partie souterraine, s'élèvent des feuilles alternes, penninerves, disséquées ou composées, accompagnées de deux stipules latérales, souvent adnées au pétiole dans une étendue variable, et chargées, comme la plupart des organes de la plante, de poils, ordinairement capités et glanleux. Leurs fleurs [2] sont disposées en grappes axillaires pédonculées; et chaque pédicelle floral, situé dans l'aisselle d'une bractée, est accompagné de deux bractéoles latérales.

II. SÉRIE DES GÉRAINES.

Les Géraines [3] (fig. 1, 8-14) ont les fleurs régulières et hermaphrodites. Leur réceptacle convexe porte cinq sépales libres [4], disposés dans le bouton en préfloraison quinconciale, et cinq pétales alternes, également libres, tordus ou plus rarement imbriqués dans le bouton, le plus souvent tous semblables entre eux [5]. L'androcée est formé de dix étamines, superposées, cinq aux pétales, et cinq aux sépales; ces dernières étant plus courtes et plus extérieures que les autres [6]. Chacune se compose d'un filet dilaté à sa base, et libre ou uni dans une faible étendue aux filets voisins, et d'une anthère biloculaire, introrse, versatile, déhiscente par deux fentes longitudinales [7]. En dehors de l'androcée, le

1. M. SPACH admet dans ce genre sept espèces, dont MM. BENTHAM et HOOKER réduisent le nombre à trois. LEDEB., *Fl. alt.*, III, 225, t. 447. — ROYLE, *Himal.*, t. 30. — BGE, *Verz. Alt. Pfl.*, 80. — JAUB. et SPACH, *Ill. pl. or.*, II, 108, t. 190-193. — BOISS., *Diagn. pl. or.*, II, 113; *Fl. or.*, I, 899. — WALP., *Ann.*, I, 152; VII, 482.

2. Blanches ou jaunes.

3. *Geranium* T., *Inst.*, 266, t. 142 (part.). — L., *Gen.*, n. 389. — ADANS., *Fam. des pl.*, II, 388. — J. *Gen.*, 268. — GÆRTN., *Fruct.*, I, 383, t. 79. — LAMK, *Dict.*, II, 647; Suppl., II, 738; *Ill.*, t. 573. — LHÉRIT., *Geraniolog.*, 30-40. — DC., *Prodr.*, I, 639. — SPACH, *Suit. à Buffon*, III, 280. — ENDL., *Gen.*, n. 6046. — PAYER, *Organog.*, 58. — A. GRAY, *Gen. ill.*, t. 150. — B. H., *Gen.*, 272, n. 4. — H. BN, in *Payer Fam. nat.*, 399.

4. Leur sommet est souvent pourvu en dehors d'un apicule plus ou moins allongé.

5. Mais quelquefois un peu dissemblables comme taille et comme couleur, et rappelant ainsi la disposition qui s'observe normalement dans les *Pelargonium*; c'est alors surtout que leur préfloraison devient imbriquée.

6. Voy. A. DICKSON, in *Adansonia*, IV, 187.

7. La couleur des anthères est souvent rou-

réceptacle porte cinq glandes alternipétales. Le gynécée est libre, supère, formé d'un ovaire à cinq loges, superposées aux pétales, surmonté d'un style qui supérieurement se partage en cinq branches stigmatifères en dedans. Dans l'angle interne de chaque loge, il y a un

Geranium sanguineum.

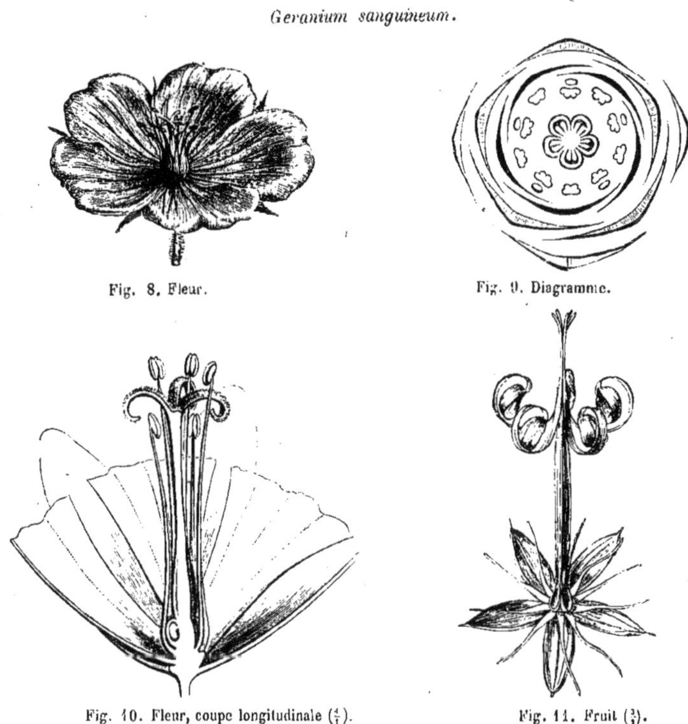

Fig. 8. Fleur.

Fig. 9. Diagramme.

Fig. 10. Fleur, coupe longitudinale ($\frac{4}{1}$).

Fig. 11. Fruit ($\frac{3}{1}$).

placenta longitudinal qui supporte deux ovules. Ceux-ci sont collatéraux ou presque superposés, descendants, anatropes, avec le micropyle dirigé en haut et en dehors [1]. Le fruit, qu'accompagne d'ordinaire à sa base le calice persistant [2], est sec, surmonté d'un style, et il s'ouvre à sa maturité de telle façon que chacune des loges se sépare, par déhiscence septifrage, de l'axe même du fruit [3]. Elle se relève élastiquement, de

geâtre, violacée ou même bleuâtre. Le pollen est formé de grains sphériques, opaques; « de trois côtés une cavité elliptique; dans celle-ci une papille qui se gonfle dans l'eau ; membrane externe à gros grains ou papilleuse » (H. MOHL, in *Ann. sc. nat.*, sér. 2, III, 335). Le pollen est généralement le même dans les *Erodium, Pelargonium*, etc.

1. Ils ont deux enveloppes. Parfois l'un des deux ovules, se déplaçant, devient plus ou moins obliquement ascendant.

2. Il vient ordinairement s'appliquer contre le jeune fruit après la chute des pétales.

3. M. HOFMEISTER a étudié ce phénomène de la déhiscence dans un travail où il a d'ailleurs établi comment les loges se prolongent en haut

la base au sommet, et au-dessus d'elle se sépare également du style une longue languette qui supporte inférieurement la loge et qui s'arque ou s'enroule en spirale [1]. Ainsi se trouvent mises en liberté une ou deux graines, renfermées d'abord dans chaque loge, et qui, sous leurs téguments, contiennent un albumen peu épais et charnu, souvent réduit

Geranium Robertianum.

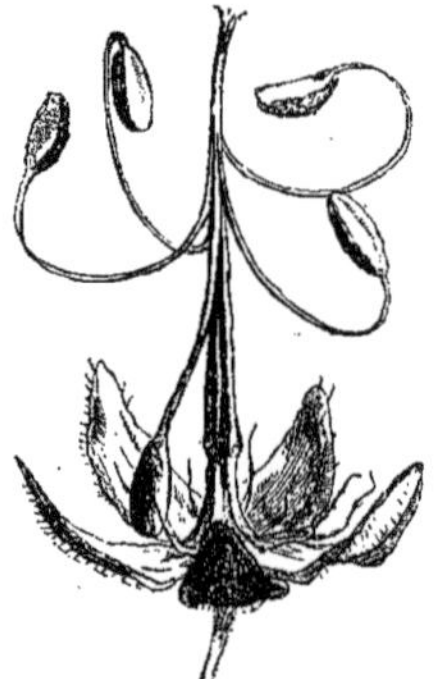

Fig. 13. Graine ($\frac{4}{1}$).

Fig. 12. Fruit déhiscent.

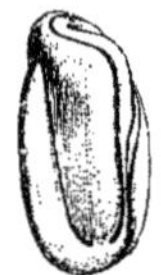

Fig. 14. Embryon.

à une couche membraneuse, et enveloppant un embryon dont la radicule est incombante aux cotylédons plissés-indupliqués ou convolutés [2]. Les Géraines sont des plantes herbacées ou, plus rarement, suffrutescentes, à rameaux noueux et articulés au niveau de l'insertion des feuilles. Celles-ci sont alternes ou opposées [3], pétiolées, accompagnées de deux stipules latérales, avec un limbe denté, digitinerve ou, plus rarement, penninerve, lobé ou disséqué. Les fleurs [4] sont réunies en nombre variable [5], en cymes unipares, souvent prises pour des grappes courtes ou des

en cinq canaux garnis intérieurement de poils, canaux terminés en cul-de-sac, plus bas que les stigmates. Il a suivi dans le style ces canaux jusqu'à une fente qui s'ouvre entre les deux ovules d'une même loge, et indique là la présence d'une papille de tissu conducteur qui se porte vers le micropyle, et qui est, sans doute, un obturateur (voy. *Flora*, 1864, 401).

1. Cette languette est très-hygrométrique, et, dans le fruit, il y a une époque où tous les carpelles sont franchement relevés (fig. 11), et une autre où quelques-uns d'entre eux n'ont pas encore quitté par leur base le reste du fruit (fig. 12). La surface intérieure et les bords de la languette sont le plus souvent glabres.

2. L'embryon est souvent coloré en vert. Le plus souvent il n'y a dans l'intervalle de ses replis qu'une très-minime quantité d'albumen muqueux. La graine est très-ordinairement déformée et plus ou moins déviée par la pression de la graine voisine et des parois du péricarpe.

3. Dans ce dernier cas, elles peuvent être d'âge différent dans une même fausse paire, la plus jeune ayant été entraînée jusqu'au niveau, ou peu s'en faut, de celle qui est plus âgée; de même on peut observer dans le genre des faux verticilles de feuilles.

4. Blanches, rosées, violacées, bleuâtres ou d'un pourpre plus ou moins foncé, quelquefois chinées de pourpre sur un fond blanc.

5. Souvent même il n'y en a qu'une ou deux, la plus jeune étant latérale.

ombelles, sur un pédoncule commun, axillaire ou latéral par rapport aux feuilles, ou franchement terminal[1]. On connaît une centaine d'espèces[2] de ce genre; mais leur nombre, par suite de doubles emplois, a été porté au delà de cent cinquante. Elles habitent les régions tempérées du monde entier, ou bien, dans les régions tropicales ou sous-tropicales, les parties élevées et froides des montagnes.

Les *Erodium*[3], autrefois unis aux *Geranium*, en ont été séparés artificiellement à titre de genre, parce que leurs étamines oppositipétales sont stériles et réduites à des filets squamiformes. Leurs fruits présentent souvent aussi quelques différences de peu de valeur[4], et leurs organes de végétation sont les mêmes. On en décrit une cinquantaine d'espèces[5] qui habitent les régions tempérées du globe. Quelques-unes se trouvent dans l'Afrique australe et l'Australie.

Les *Monsonia*[6], qui, au nombre d'une quinzaine d'espèces[7], habitent l'Afrique australe et orientale et l'Asie tropicale occidentale, sont, au contraire, des *Geranium* à quinze étamines, qui semblent former à l'âge adulte cinq faisceaux alternipétales. Dans chacun de ces faisceaux, il y a une étamine médiane et plus grande, superposée à un sépale; et les étamines latérales appartiennent à une paire primitivement oppositipétale[8]. Ce genre, qui a été partagé en trois sections[9], appartient à l'Afrique orientale et australe et à l'Orient.

1. D'où il résulte que lorsque les inflorescences sont latérales ou oppositifoliées, elles ont été souvent entraînées et soulevées.

2. CAV., *Diss.*, t. 76-97, 124-126 (part.). — REICHB., *Ic. Fl. germ.*, t. 187-198. — H. B. K., *Nov. Gen. et spec.*, V, 229. — GREN. et GODR., *Fl. de Fr.*, I, 297, 313. — SIBTH., *Fl. græc.*, t. 659-661. — STEV., in *Mém. Soc. hist. nat. Mosc.*, IV, 50, t. 5. — BOISS., *Fl. or.*, I, 869. — JACQUEM., *Voy.*, *Bot.*, t. 37, 38. — WALL., *Pl. as. rar.*, t. 209. — WIGHT, *Ill.*, t. 59. — BENTH., *Fl. austral.*, I, 295. — HARV. et SOND., *Fl. cap.*, I, 257. — HOOK. F., *Fl. antarct.*, t. 5; *Man. N.-Zeal. Fl.*, 35. — HOOK., *Icon.*, t. 198. — A. S. H., *Fl. Bras. mer.*, I, t. 20. — C. GAY, *Fl. chil.*, I, 387. — OLIV., *Fl. trop. Afr.*, I, 290. — A. GRAY, *Man.*, ed. 5, 107; *Unit. St. expl. Exp.*, *Bot.*, I, 308, t. 29-31. — CHAPM., *Fl. S. Unit. St.*, 65. — WALP., *Rep.*, I, 447; II, 819; V, 389; *Ann.*, I, 139; II, 234; IV, 395; VII, 483.

3. LHÉR., *Geraniolog.*, t. 1-6. — DC., *Prodr.*, I, 644. — SPACH, *Suit. à Buffon*, III, 303. — MEISSN., *Gen.*, 57. — ENDL., *Gen.*, n. 6045. — A. GRAY, *Gen. ill.*, t. 151. — B. H., *Gen.*, 272, n. 5. — H. BN, in *Payer Fam. nat*, 400. — *Scolopacium* ECKL. et ZEYH., *Enum.*, 59. — ? *Isopetalum* SWEET, *Geran.*, t. 126 (ex B. H., *loc. cit.*, 273).

4. Les queues qui supportent les loges après la déhiscence sont ordinairement couvertes en dedans de longs poils villeux.

5. CAV., *Diss.*, t. 76-97. — REICHB., *Ic. Fl. germ.*, t. 183-186 (*Herodium*). — SIBTH., *Fl. græc.*, t. 651-658. — GREN. et GODR., *Fl. de Fr.*, I, 307, 313. — JAUB. et SPACH, *Ill. pl. or.*, t. 189, 203, 204. — BOISS., *Fl. or.*, I, 884. — HARV. et SOND., *Fl. cap.*, I, 258. — OLIV. *Fl. trop. Afr.*, I, 292. — BENTH., *Fl. austral.*, I, 297. — A GRAY, *Man.*, ed. 5, 108; *Unit. St. expl. Exp.*, *Bot.*, I, 317. — A. S. H., *Fl. Bras. mer.*, I, t. 19. — WALP., *Rep.*, I, 445; II, 818; V, 379; *Ann.*, I, 137, 965; II, 233; IV, 392.

6. L., *Mantiss.*, n. 1268. — J., *Gen.*, 269. — LHÉR., *Geraniolog.*, t. 41, 42. — DC., *Prodr.*, I, 638. — ENDL., *Gen.*, n. 6049. — PAYER, *Organog.*, 62, t. 12. — B. H., *Gen.*, 271, n. 2. — *Holopetalum* KL., in *Linnæa*, X, 428. — *Sarcocaulon* B. H., *Gen.*, 272, n. 3.

7. CAV., *Diss.*, t. 74, 75, fig. 1, 2; 113, fig. 1. — SWEET, *Geran.*, t. 77, 199, 273. — WIGHT, *Icon.*, t. 1074. — BOISS., *Fl. or.*, I, 897. — HARV. et SOND., *Fl. cap.*, I, 254, 256 (*Sarcocaulon*). — OLIV., *Fl. trop. Afr.*, I, 289. — WALP., *Rep.*, I, 451; *Ann.*, II, 236.

8. Voy. PAYER, *Organog.*, 60. — A. DICKSON, in *Adansonia*, IV, 193, 200.

9. 1. *Holopetalum* (DC.). Pétales entiers ou

Les *Pelargonium* [1] (fig. 15-17) ont été définis avec raison : des *Geranium* à fleurs irrégulières. Leurs sépales, au nombre de cinq, sont disposés dans le bouton en préfloraison quinconciale, le sépale 2 étant postérieur et les sépales 1 et 3 étant antérieurs. Ces deux derniers, de même

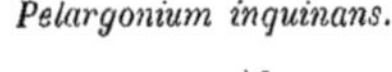

Pelargonium inquinans.

Fig. 15. Fleur, coupe longitudinale (½).

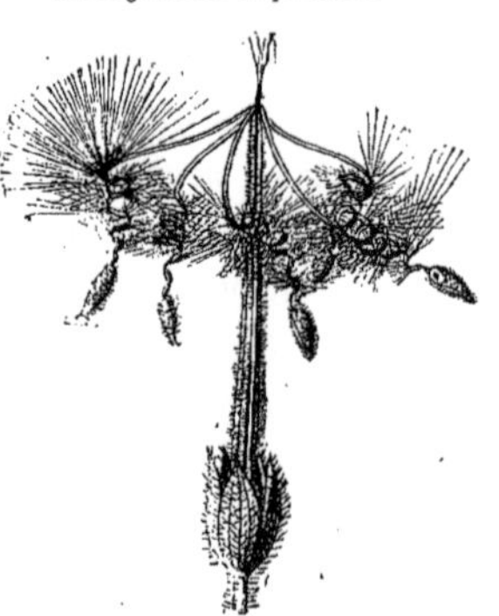

Fig. 17. Fruit déhiscent (½).

Fig. 16. Diagramme.

que les sépales 4 et 5 qu'ils recouvrent, sont insérés par une base étroite et horizontalement, comme ceux des genres précédents, tandis que le sépale postérieur a une forme et un mode d'insertion tout à fait particulier. Sa base, très-développée, est fortement arquée et concave en dessus ; de façon que son insertion a la forme d'un fer à cheval à branches longues et très-rapprochées l'une de l'autre. Entre cette base et le côté correspondant et creusé en rigole du réceptacle, se trouve une longue cavité tubuleuse dont la surface intérieure est glanduleuse vers le fond et qui constitue ce qu'on a souvent appelé un éperon soudé ou adné au pédicelle [2]. La corolle est irrégulière aussi, formée de cinq pétales, alternes avec les sépales, et imbriqués dans le bouton. Les deux postérieurs sont semblables entre eux, et de même les deux latéraux qu'ils enveloppent

émarginés. Feuilles dentées ou crénelées. — 2. *Odontopetalum* (B. H.). Pétales dentés. Feuilles lobées ou multifides. 3. *Sarcocaulon* (DC., *Prodr.*, I, 638). Plantes grasses, à pétioles défoliés, épineux, à limbes caducs ou sessiles, petits.

1. L'HÉR., *Geran.*, t. 7-35, 43, 44. — DC., *Prodr.*, I, 649. — SPACH, *Suit. à Buffon*, III, 307. — ENDL., *Gen.*, n. 6048. — PAYER, *Organog.*, 59, t. 13. — H. BN, in *Payer Fam. nat.*, 400. — B. H., *Gen.*, 273, n. 6 (incl. : *Campylia* SWEET, *Ciconium* SWEET, *Cortusina* ECKL. et ZEYH., *Dibrachia* ECKL. et ZEYH., *Dimacria* SWEET, *Eumorpha* ECKL., *Grenvillea* SWEET, *Hoarea* SWEET, *Isopetalum* ECKL., *Jenkinsonia* SWEET, *Myrrhidium* ECKL., *Otidia* SWEET, *Peristera* ECKL., *Phymatanthus* SWEET, *Polyactium* ECKL. et ZEYH., *Polychisma* TURCZ., *Seymouria* SWEET).

2. On voit quelquefois dans les cultures des fleurs de *Pelargonium* pourvues de trois de ces sortes d'éperon, dont deux, accidentels, sont situés du côté antérieur du pédicelle, les sépales 1 et 3 pouvant, dans ce cas, acquérir anormalement le mode d'insertion du sépale 2.

dans la préfloraison; mais ceux-ci n'ont en général ni la même couleur, ni exactement la même forme et les mêmes dimensions que les deux postérieurs. Ils sont plus ordinairement semblables, comme taille et comme teinte, au pétale antérieur, enveloppé par eux dans la préfloraison, mais qui, situé sur la ligne médiane de la fleur, a ses deux moitiés symétriques[1] (fig. 16). L'androcée est formé de dix étamines, unies à leur base dans une étendue variable et disposées sur deux verticilles. Ordinairement sept d'entre elles sont fertiles et pourvues d'une anthère biloculaire, introrse, déhiscente par deux fentes longitudinales. Ce sont les cinq étamines superposées aux sépales, et les deux qui se superposent aux pétales postérieurs. Les trois autres, ou un plus grand nombre, sont réduites à des filets parfois très-courts ou à peine visibles. Le nombre des étamines fertiles peut même descendre jusqu'à cinq ou trois. Le gynécée est tout à fait celui des Géraines[1], et de même les fruits et les graines, dont l'albumen est ordinairement nul ou réduit à une membrane mince. Les *Pelargonium* sont des arbustes, des sous-arbrisseaux ou des herbes, dont les organes sont souvent chargés de poils glanduleux capités, visqueux et aromatiques. Leurs feuilles, alternes ou opposées, et leurs inflorescences sont les mêmes que dans les *Geranium*. On en a décrit plus de trois cents espèces, originaires presque toutes de l'Afrique centrale. Mais le nombre des espèces admises doit être considérablement réduit, et cette région n'en possède guère que cent cinquante[2]. Il y en a trois ou quatre dans l'Afrique du Nord et en Orient[3], et à peu près autant en Australie et à la Nouvelle-Zélande[4]. On en a fait un certain nombre de genres distincts, avec raison ramenés aujourd'hui au rang de sections et fondés sur des caractères tirés des tiges, des feuilles ou même des fleurs[5].

1. Ce pétale peut manquer tout à fait ou être réduit à de très-petites dimensions. Les pétales latéraux font rarement défaut, mais ils peuvent être aussi très-petits, réduits à des languettes étroites, cachées par les sépales.

2. AIT., *Hort. kew.*, II, 417. — JACQ., *Ic. rar.*, t. 510-521. — JACQ. F., *Ecl.*, t. 97. — CAV., *Diss.*, t. 97-123 (*Geranium*). — HARV. et SOND., *Fl. cap.*, I, 259. — WALP., *Ann.*, IV, 397; VII, 488.

3. FENZL, in *Russeg. Reis.*, t. 3. — BOISS., *Fl. or.*, I, 898. — *Bot. Mag.*, t. 4946. — WALP., *Rep.*, II, 820; *Ann.*, II, 237.

4. HOOK. F., *Fl. N.-Zel.*, I, 41; *Fl. tasm.*, I, 57. — HUEG., in *Bot. Arch.*, t. 5. — NEES, in *Pl. Preiss.*, I, 163. — F. MUELL., *Pl. Vict.*, I, 170, t. suppl. 11. — TURCZ., in *Bull. Mosc.* (1858), I, 149, 421. — BENTH., *Fl. austral.*, I, 298.

5. HARVEY (*Fl. cap.*, I, 260) a distribué de la façon suivante ce genre en 15 sections, adoptées par MM. BENTHAM et HOOKER :

1° *Hoarea* (SWEET, *Geran.*, t. 18). Herbæ acaul., rhizom. tuberoso, petalis 4, 5 (*Dimacria* SWEET, t. 46; — *Grevillea* SWEET, sub t. 262).

2° *Seymouria* (SWEET, t. 206). Herb. acaul., rhizom. tuberoso, petal. 2.

3° *Polyactium* (DC.; — ECKL. et ZEYH., *Enum.*, 65). Herb. caulesc., rhiz. tuber., fol. lobat. v. pinnatim decomp., infloresc. ∞-floris, petal. subæqual. obovat. integr. v. lacer. (*Polyschisma* TURCZ., in *Bull. Mosc.* (1859), I, 269).

4° *Otidia* (SWEET, t. 98). Caul. succul. nodos., fol. carnos. pinnat. v. 2-pinnat., petal. subæqual., basi auriculatis.

5° *Ligularia* (ECKL. et ZEYH., 69). Caul. succul. v. tenuis ramos., fol. raro integr., sæpius

III. SÉRIE DES NEURADA.

Les *Neurada*[1] (fig. 18, 19) ont des fleurs régulières et hermaphrodites, dont le réceptacle a la forme d'une coupe concave. Sur les bords de celle-ci s'insère un calice gamosépale, à cinq divisions valvaires, dans

Neurada procumbens.

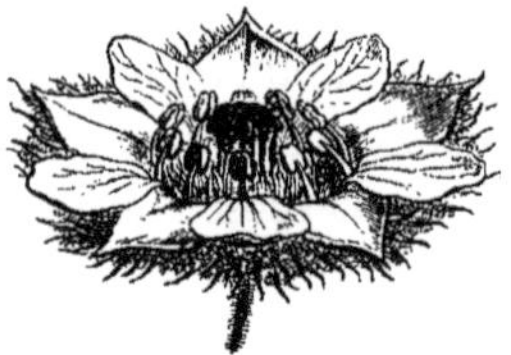

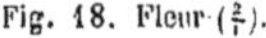

Fig. 18. Fleur ($\frac{2}{1}$).

Fig. 19. Fleur, coupe longitudinale.

l'intervalle et en dehors desquelles se voient un même nombre de bractéoles formant calicule. Les pétales sont au nombre de cinq, insérés périgyniquement, comme le calice et l'androcée, égaux, peu développés, tordus dans le bouton. Les étamines sont superposées, cinq aux divisions du calice, et cinq, plus courtes, aux pétales; toutes sont composées d'un filet libre et d'une anthère biloculaire, introrse, déhiscente par deux fentes longitudinales. Les carpelles, au nombre de dix[2], sont formés cha-

multisect. v. pinnat. decomp. inæqual. spathul., superiorib. basi angustat., stam. 7.

6° *Jenkinsonia* (SWEET, t. 79). Caul. frutic. v. succul., fol. palmatinerv. v. lob., petal. 2, super. cæt. multo major. longe unguiculato.

7° *Myrrhidium* (DC.; — ECKL. et ZEYH., 71). Caul. gracil., ann. v. suffrut., fol. pinnatifid. v. pinnatisect., sepal. membranac. costat. et mucronat. v. acuminat., petal. 4, rar. 5, super. 2 majorib., stam. 5, v. rar. 7.

8° *Peristera* (ECKL. et ZEYH., 72). Herb. diffus. ann. v. perenn. (habit. *Geranii*), fol. lobat. v. pinnatif., flor. minut., petal. calyce vix longioribus.

9° *Campylia* (SWEET, t. 75). Caul. brev. subsimpl., fol. longe petiol. integr. v. dentat., stipul. membran., flor. longe pedicell., petal. 2 super. late obovat., infer. 3 angust., stam. fertil. 5 (*Phymatanthus* SWEET, t. 43).

10° *Dibrachya* (ECKL. et ZEYH., 74). Caul. debil articulat. ramosiss., fol. peltatis v. cordato-lobat. carnos. (*hederaceis*), petal. obov., stam. perfect. 7, super. 2 brevissimis.

11° *Eumorpha* (ECKL. et ZEYH., 77). Caul. herbac. v. suffrut. gracil., fol. longe petiol. palm. 5-7-nerv., lobat. v. palmatifid., petal. inæq., super. 2 latior., stam. perfect. 7 (*Isopetalum* ECKL. et ZEYH., 76).

12° *Glaucophyllum* (HARV.). Frutic., fol. carnos. simpl. v. 3-natim compos., lamin. cum petiol. articul., stam. perfect. 7.

13° *Ciconium* (SWEET, t. 13). Frutic., ram. carnos., fol. cordat. v. obov. palmat. - ∞ - nerv. indiv., petal. concolor., stam. perfect. 7, super. 2 brevissimis.

14° *Cortusina* (ECKL. et ZEYH., 77). Caud. brev. crass. carnos., ram. (dum adsint) tenerib. subherbac., fol. longe petiolat. renif. v. cordat. lobulat., petal. subæq., super. 2 latior., stam. perfect. 6, 7.

15° *Pelargium* (HARV.). Frutic. v. suffrut. ramos. haud carnos., fol. integr. v. lobat. haud pinnatipart., stipul. liber., infloresc. subpaniculat., pedunc. super. umbellat., petal. 2 super. longior. et latior., stam. perfect. 7.

1. B. JUSS., in *L. Gen.*, n. 587. — J., *Gen.*, 336. — GÆRTN., *Fruct.*, I, 162, t. 32. — POIR., *Dict.*, IV, 476. — LAMK, *Ill.*, t. 373. — DC., *Prodr.*, II, 548. — ENDL., *Gen.*, n. 6401. — B. H., *Gen.*, 625, n. 61. — *Neuras* DIOSC. — *Chamædrifolia* PLUK. (ex ADANS., *Fam. des pl.*, II, 293).

2. De même que dans les *Grielum*, cinq de ces carpelles, ou un nombre moindre, viennent parfois à manquer : ce sont les carpelles alternipétales ou quelques-uns d'entre eux.

cun d'un ovaire uniloculaire, couché dans la cupule réceptaculaire, de telle façon que sa base s'applique en dehors de la paroi interne de cette coupe, et que son sommet se dirige obliquement en dedans. De ce point se dégage le style qui se relève verticalement, sans adhérence avec les autres styles, n'a pas la même longueur dans tous les carpelles et se termine par une petite tête stigmatifère. Le fruit est formé de cinq à dix capsules qui demeurent incrustées dans la concavité du réceptacle, sur lequel persistent en dehors le calice et le calicule et se développent plus ou moins des aiguillons inégaux. Dans chaque capsule, déhiscente par une fente supérieure, se voit une graine oblique dont les téguments recouvrent un embryon charnu, à cotylédons plans-convexes, à radicule cylindrique. La seule espèce connue [1] de ce genre est une herbe annuelle qui croît dans les régions sablonneuses de l'Afrique boréale et de l'Orient. Ses tiges, finalement ligneuses à la base, couvertes, comme toute la plante, d'un duvet laineux abondant, se partagent en branches qui s'étalent sur le sol et sont chargées de feuilles alternes, pétiolées, pinnatiséquées ou lobées, accompagnées d'une ou deux stipules (?) latérales, petites. Les fleurs sont axillaires ou à peu près, solitaires et pédonculées. Quand les graines sont mûres, elles germent dans le fruit indusié qu'elles appliquent contre le sol, et qu'on retrouve souvent à la base de la plante même chargée des fruits de la génération suivante.

On comprend, quand on voit le port très-singulier et la corolle peu éclatante du *Neurada*, qu'on l'ait généralement placé dans une famille très-éloignée de celle-ci [2]. Mais quand on observe un genre inséparable, les *Grielum* [3], qui ne se distinguent que par leur calice sans calicule et des pétales tordus, très-développés, en tout semblables à ceux d'un *Geranium*, on ne peut, il nous semble, ne pas admettre que les Neuradées soient des Biebersteiniées dans lesquelles les carpelles sont enchâssés dans un axe floral concave, au lieu d'être insérés sur un réceptacle plus ou moins saillant, c'est-à-dire des Géraniacées périgynes. Les trois *Grielum* connus [4] habitent les plaines sablonneuses et salées de l'Afrique australe.

1. *N. procumbens* L., *Spec.*, 631. — FORSK., *Æg.-Arab.*, 90. — WIGHT, *Icon.*, t. 1596. — HOOK., *Icon.*, t. 840. — *Tribulastrum africanum* LIPPI.

2. Celle des Rosacées avec lesquelles elles n'ont de commun que leur périgynie. Toutefois BURMANN (*Geran.*, 1) et SWEET (*Geran.*, II, t. 171), de même que plus tard M. PLANCHON (in *Voy. Linden*, 47), avaient admis leurs affinités avec les Géraniacées.

3. L., *Gen.*, n. 587. — GÆRTN., *Fruct.*, I, 188, t. 36. — DC., *Prodr.*, II, 549. — ENDL., *Gen.*, n. 6402. — B. H., *Gen.*, 626, n. 62.

4. BURM., *Afr.*, t. 34, 53. — THUNB., *Fl. cap.*, 509. — BURCH., *Voy.*, I, 286. — HARV. et SOND., *Fl. cap.*, II, 304.

IV. SÉRIE DES BALBISIA.

Les fleurs des *Balbisia* [1] (fig. 20-22), extérieurement assez semblables à celles des *Geranium*, sont hermaphrodites et régulières, avec un réceptacle convexe, cinq sépales inégaux, imbriqués en quinconce dans le bouton, et cinq pétales alternes, tordus. Leurs étamines, dépourvues de

Balbisia verticillata.

Fig. 21. Gynécée ($\frac{3}{1}$).

Fig. 20. Fleur, coupe longitudinale ($\frac{2}{1}$).

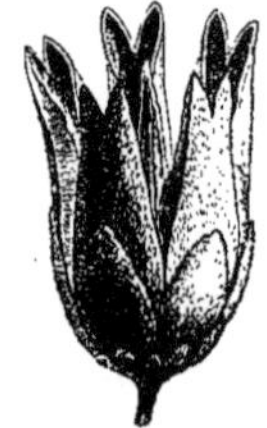

Fig. 22. Fruit déhiscent.

glandes à la base, sont au nombre de dix, superposées, cinq aux sépales, et cinq, plus extérieures, aux pétales, formées chacune d'un filet libre et d'une anthère biloculaire, à déhiscence à peu près marginale. Le gynécée se compose d'un ovaire libre, à cinq loges alternipétales, surmonté d'un style à cinq branches épaisses, chargées en dedans et sur leurs bords réfléchis de papilles stigmatiques. Chaque loge de l'ovaire présente dans son angle interne un placenta qui supporte des ovules en nombre indéfini, disposés sur deux séries verticales. Le fruit, qu'accompagne à sa base le calice persistant, est une capsule qui se sépare par sa portion supérieure en cinq valves, loculicides au sommet, et laissant échapper les graines qui, sous leurs téguments, renferment un albumen charnu et un embryon axile dont la radicule se replie sur ou entre les cotylédons plissés. Les *Balbisia* sont des végétaux suffrutescents du Pérou ou du Chili,

1. CAV., in *Ann. cienc. nat.*, VII, 62, t. 46. — DON, in *Edinb. new phil. Journ.*, XI, 276. — KL., in *Linnæa*, X, 431. — B. H., *Gen.*, 276, n. 13. — H. BN, in *Payer Fam. nat.*, 397. — *Ledocarpum* DESF., in *Mém. Mus.*, IV, 250. — DC., *Prodr.*, I, 702. — J., in *Mém. Mus.*, V, 231. — *Ledocarpon* ENDL., *Gen.*, n. 6050. — *Cistocarpum* K., in *Mém. Soc. Hist. nat. par.*, III, 380 (ex ENDL.). — *Cruckhanksia* HOOK., *Bot. Misc.*, II, 211, t. 90.

plus ou moins chargés de poils soyeux et blanchâtres. Leurs feuilles sont alternes ou opposées, souvent tripartites, sans stipules. Leurs fleurs sont solitaires, terminales, pédonculées. Immédiatement au-dessous de leur calice s'insèrent des bractées étroites et allongées, au nombre de dix environ, qui leur forment un calicule[1].

Rhynchotheca spinosa.

Fig. 23. Rameau florifère.

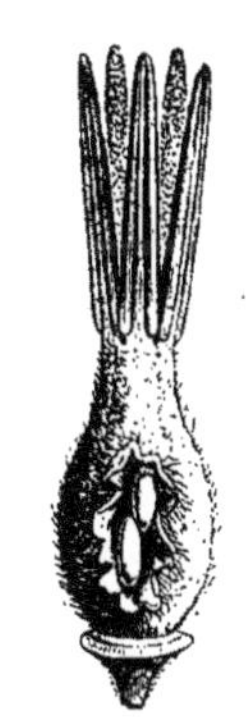

Fig. 27. Gynécée, une loge ouverte ($\frac{5}{1}$).

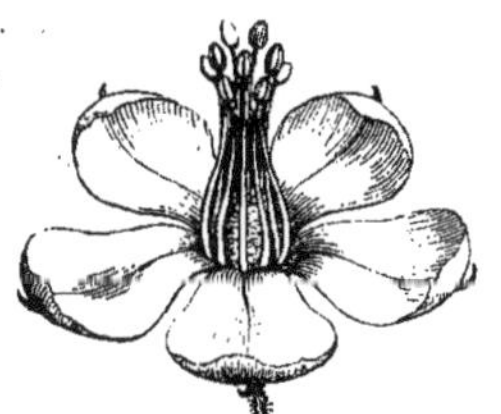

Fig. 24. Fleur ($\frac{2}{1}$).

Fig. 26. Bouton, le périanthe enlevé ($\frac{6}{1}$).

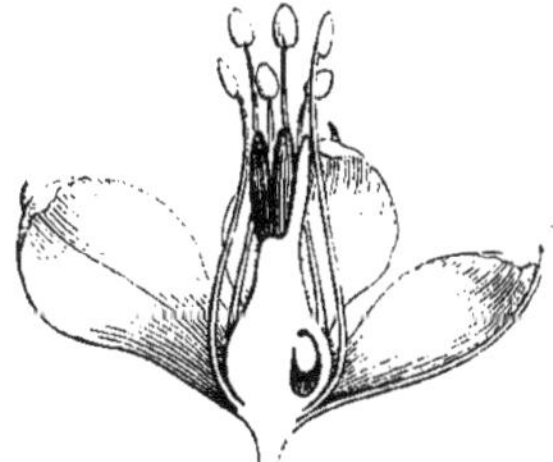

Fig. 25. Fleur, coupe longitudinale.

A côté des *Balbisia* se placent les *Wendtia*[2], plantes du même pays, qui s'en distinguent principalement en ce qu'ils n'ont dans chacune de leurs loges ovariennes, réduites au nombre de trois, que deux ovules

1. L'espèce, probablement unique, mais très-variable quant à l'épaisseur et à l'état des surfaces des feuilles, est le *B. verticillata* CAV., *Ic. ined.* (ex DC.). — KL., in *Linnæa*, X, 431. — *B. peduncularis* DON, in *Edinb. new phil. Journ.* (1832), 277. — *B. Meyeniana* KL. — *Œnothera scoparia* R. et PAV., herb. ! — *Ledocarpum chilense* DESF., *loc. cit.* — *L. pedunculare* LINDL., in *Bot. Reg.*, t. 139. — *L. cistiflorum* MEYEN, *Reis.*, I, 470. — *L. Meyenianum* WALP., *Rep.*, I, 460 ; V, 380. — *L. argenteum* PRESL. — *Cruckhanksia cistiflora* HOOK., *loc. cit.*

2. MEYEN, *Reis.*, I, 307. — KL., in *Linnæa*, X, 432. — ENDL., *Gen.*, n. 6051. — B. H., *Gen.*, 275, n. 12. — H. BN, in *Payer Fam. nat.*, 398. — *Martiniera* GUILLEM., in *Deless. Ic. sel.*, III, 23, t. 40. — *Hyperum* PRESL, *Epim. bot.*, 211.

descendants, à micropyle tourné en haut et en dehors[1]; les *Rhynchotheca*[2] (fig. 23-27), arbustes des Andes de l'Amérique méridionale, qui ont à l'ovaire cinq loges, biovulées, comme celles des *Wendtia*, mais dont les fleurs sont apétales[3]; et les *Viviania*[4] (fig. 28-30), plantes

Viviania rosea.

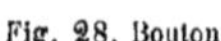

Fig. 28. Bouton.

Fig. 30. Fleur, coupe longitudinale ($\frac{4}{1}$).

Fig. 29. Bouton, le calice enlevé.

herbacées ou frutescentes des mêmes contrées[5], dont on a fait le type d'une famille distincte, et qui ont desfleurs régulières, pourvues d'une corolle polypétale, tordue, comme celles des *Balbisia*, mais dont les quatre ou cinq sépales sont valvaires, au lieu d'être imbriqués, et dont le gynécée est réduit, comme celui des *Wendtia*, à trois loges biovulées. Il n'y a même parfois que deux loges; et le fruit est une capsule loculicide, à deux ou trois panneaux. Le réceptacle floral porte ici, comme dans les *Geranium*, des glandes alternipétales.

1. Une seule espèce, le *W. gracilis* MEY., *loc. cit.* — *W. Pœppigiana* KL., in *Linnæa*, X, 432. — *W. Reinoldsii* ENDL., mss. — WALP., *Rep.*, V, 330. — *Larrea ? trigyna* KZE, in *Pœpp. Coll. pl. chil.*, III, 129. — *Ledocarpum Reynoldsii* HOOK., *Icon.*, t. 14. — *Martiniera potentilloides* GUILLEM., *loc. cit.*

2. R. et PAV., *Prodr. Fl. per.*, 142, t. 15. — DC., *Prodr.*, I, 637. — ENDL., *Gen.*, n. 6049. — B. H., *Gen.*, 275, n. 11. — H. BN, in *Payer Fam. nat.*, 398. — *Aulacostigma* TURCZ., in *Bull. Mosc.* (1847), I, 149. — *Aulacostigma inerme* TURCZ., *loc. cit.*, 150. WALP., *Ann.*, I, 141.

3. Une seule espèce probablement, mais très-variable, le *R. spinosa* R. et PAV., *Fl. per.*, 142. — C. GAY, *Fl. chil.*, I. — *R. integrifolia* H. B. K., *Nov. gen. et spec.*, V, 232, t. 464. — *R. diversifolia* H. B. K., *loc. cit.*, t. 465.

4. CAV., in *Ann. cienc. nat.*, VII, 240, t. 9. — DON, in *Edinb. new. phil. Journ.*, VIII, 170. — KL., in *Linnæa*, X, 343. — ENDL., *Gen.*, n. 6053. — B. H., *Gen.*, 275, n. 10. — H. BN, in *Payer Fam. nat.*, 401. — *Macræa* LINDL., in *Brand. Quaterl. Journ.*, XXV, 104. — *Xeropetalon* HOOK., mss. (ex ENDL.). — *Cæsarea* CAMBESS., in *Mém. Mus.*, XVIII, 373, t. 18. — KL., in *Linnæa*, X, 435. — ENDL., *Gen.*, n. 6052. — *Cissarobryon* PŒPP., *Fragm. syn. Fl. chil.*, 29. — *Linostigma* KL., in *Linnæa*, X, 438.

5. Sept ou huit esp. DELESS., *Ic. sel.*, III, t. 41. — HOOK., *Bot. Misc.*, III, 148. — C. GAY, *Fl. chil.*, I, 396, t. 11, 12.

V. SÉRIE DES CAPUCINES.

Les fleurs des Capucines[1] (fig. 31-39) sont hermaphrodites et irrégulières. Elles ont un réceptacle concave, de la forme d'une écuelle dont la partie postérieure se prolonge en un éperon de dimensions et de forme

Tropæolum majus.

Fig. 31. Rameau florifère.

variables[2]. Sur les bords de la coupe s'insèrent cinq sépales[3], disposés dans le bouton en préfloraison imbriquée ou valvaire (le sépale 2 étant postérieur et répondant à l'éperon). Les pétales sont souvent en même

1. L., *Gen.*, n. 466. — J., *Gen.*, 269; in *Mém. Mus.*, V, 230. — LAMK, *Dict.*, I, 610; Suppl., II, 86; *Ill.*, t. 277. — TURP., in *Dict. sc. nat.*, Atl., t. 133. — DC., *Prodr.*, I, 683. — SPACH, *Suit. à Buffon*, III, 4. — ENDL., *Gen.*, n. 6063. — PAYER, *Organog.*, 77, t. 16. — CHAT., in *Ann. sc. nat.*, sér. 4, V, 283. — H. BN, in *Payer Fam. nat.*, 403. — B. H., *Gen.*, 274, n. 7. — SCHNIZL., *Iconogr.*, t. 258. — LEM. et DCNE, *Tr. gén.*, 353 (incl. : *Anisocentra* DON, *Chymocarpus* DON, *Magallana* COMMERS.). — *Cardamindum* T., *Inst.*, 430, t. 224. — ADANS., *Fam. des pl.*, II, 388. — *Acriviola* BOERH. (ex ADANS.).

2. Il est libre, quelquefois large et peu profond, ailleurs très-grand, rectiligne ou arqué, glanduleux au fond; ce qui fait que sa cavité contient souvent un nectar sucré. Il manque quelquefois absolument dans certaines fleurs sur les plantes cultivées; ailleurs il est plus ou moins profondément dédoublé.

3. Souvent pétaloïdes, colorés.

nombre que les sépales, avec lesquels ils alternent, imbriqués dans le bouton et dissemblables, les postérieurs étant plus grands que les antérieurs, qu'ils recouvrent, et ces derniers pouvant devenir très-petits ou disparaître même totalement dans certaines espèces. L'androcée est formé

Tropæolum majus.

Fig. 34. Fleur, coupe longitudinale.

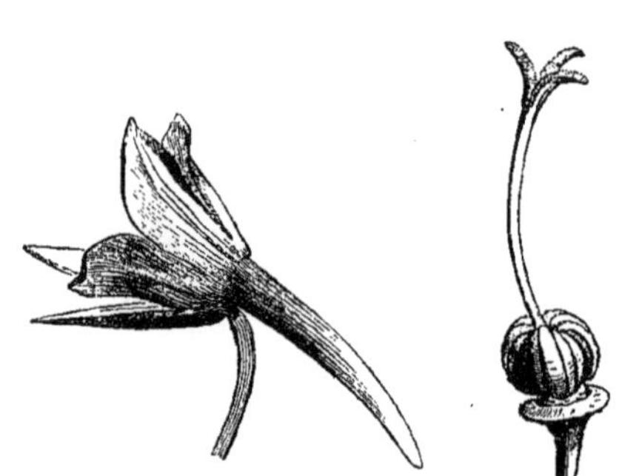

Fig. 32. Calice. Fig. 35. Gynécée.

Fig. 36. Fruit.

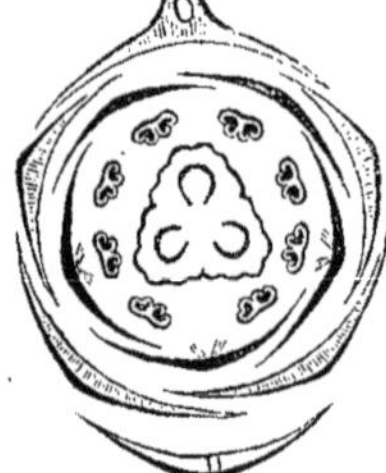

Fig. 33. Diagramme.

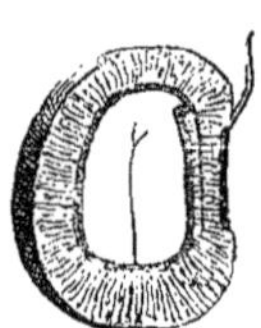

Fig. 37. Carpelle mûr, coupe longitudinale.

de deux verticilles de quatre étamines chacun. Dans celui dont les pièces sont alternipétales, c'est l'étamine superposée à l'éperon qui manque; et c'est l'antérieure dans le verticille d'étamines oppositipétales. Toutes sont d'ailleurs formées d'un filet libre et d'une anthère biloculaire, déhiscente par deux fentes intérieures ou latérales[1]. Le gynécée est libre, formé d'un ovaire à trois loges, surmonté d'un style dont le sommet se partage en trois branches égales ou inégales, chargées en haut et en de-

1. Le pollen est, d'après H. MOHL (in *Ann. sc. nat.*, sér. 2, III, 337), formé de « prismes triangulaires à arêtes latérales arrondies, ou rentrées à cause des sillons qui se trouvent sur elles; dans l'eau, ellipsoïde, aplati, triangulaire sur l'équateur avec trois courtes bandes: *T. majus*. »

dans de papilles stigmatiques. Dans chacune des loges ovariennes, qui sont, l'une postérieure, et les deux autres antérieures, il y a dans l'angle interne un seul ovule, descendant, anatrope, avec le micropyle dirigé en haut et en dehors[1]. Le fruit est formé de trois achaines qui, à leur maturité, se détachent de l'axe central et présentent un péricarpe sec, parfois très-épais, plus ou moins spongieux, mais indéhiscent et monosperme. La graine, sous ses téguments, ne renferme qu'un embryon charnu, dont les cotylédons, épais et plan-convexes, entourent par leur base une courte radicule supère. Dans quelques Capucines, dont on a fait un genre *Chymocarpus*[2] (fig. 38, 39), les pétales antérieurs sont nuls ou peu développés, et le fruit est plus charnu que dans les autres espèces. Ce genre renferme une trentaine d'espèces[3], toutes herbacées, souvent grimpantes, charnues, sapides, à feuilles alternes, pétiolées, peltées ou palmées, anguleuses, lobées ou disséquées, sans stipules ou, plus rarement, accompagnées de petites stipules sétiformes ou disséquées. Leurs fleurs[4] sont axillaires, solitaires et pédonculées. Toutes sont originaires de l'Amérique méridionale, notamment de ses régions tempérées.

Tropæolum (Chymocarpus) pentaphyllum.

Fig. 38. Fleur.

Fig. 39. Fleur, coupe longitudinale.

1. Il a deux enveloppes. Sur les phénomènes de la fécondation dans les Capucines; sur leur sac embryonnaire et le curieux *diverticulum* tubuleux, en cul-de-sac, que celui-ci émet au travers de l'ovule, sur son dos, et un peu au-dessous et en dehors de son micropyle, voyez : SCHLEIDEN, in *Nov. Act. nat. cur.*, XIX, 54, t. 8. — SCHACHT, in *Ann. sc. nat.*, sér. 4, IV, 47. — WILSON, in *Hook. Lond. Journ.*, II, 623. — GIR., in *Trans. Linn. Soc.*, XIX, 161. — A. DICKSON, in *Edinb. new phil. Journ.*, XV (1863), t. 4.

2. DON, in *Trans. Linn. Soc.*, XVII, 13, 145. — SCHLEID., in *Nov. Act. nat. cur.*, XIX, 56, t. 8, fig. 126. — ENDL. *Gen.*, n. 6062. — H. BN, in *Payer Fam. nat.*, 403. — *Magallana* CAV., *Icon.*, t. 344 (excl. fruct.). — DC., *Prodr.*, I, 684. — ENDL., *Gen.*, n. 6064.

3. CAV., *Icon.*, t. 395. — JACQ., *Hort. schœnbr.*, t. 98. — R. et PAV., *Fl. per.* III, t. 313, 314. — PERS., *Enchirid.*, I. 405. — A. S. H., *Pl. us. Bras.*, t. 41, 43; *Fl. Bras. mer.*, I, 95. — POEPP. et ENDL., *Nov. gen. et spec*, I, t. 35-38. — LINK, KL. et OTT., *Ic. pl. rar.*, t. 17. — ANDR., in *Bot. Repos.*, t. 617, 635. — C. GAY, *Fl. chil.*, I, 407. — KARST., *Fl. columb.*, I, 145, t. 72. — *Bot. Mag.*, t. 23, 98, 3169, 3190, 3844, 3851, 3985, 4042, 4097, 4245, 4323, 4337, 4385. — WALP., *Rep.*, I, 465; II, 820; V, 381; *Ann.*, I, 142; II, 237; IV, 397; VII, 492.

4. Jaunes, rouges, pourprées ou bleuâtres.

VI. SÉRIE DES BALSAMINES.

Les Balsamines[1] (fig. 40-49) ont des fleurs irrégulières, hermaphrodites, à réceptacle convexe. Leur calice est formé de cinq sépales pétaloïdes, imbriqués, savoir : un postérieur, très-grand, prolongé en

Impatiens Balsamina.

Fig. 40. Tige florifère et fructifère (½).

arrière, au-dessus de sa base, en un éperon de forme et de taille variables; deux latéraux, plus petits, plans et recouvrant le postérieur; enfin deux antérieurs, ou très-petits, ou même manquant souvent tout à fait. Les pétales sont au nombre de cinq, dont un antérieur, enveloppant les autres dans le bouton, et deux latéraux, que recouvrent en préfloraison les deux

1 *Impatiens* L., *Gen.*, n. 1908. — J., in *Ann. Mus.*, V, 232. — LAMK, *Dict.*, I, 363; Suppl., I, 569; *Ill.*, t. 725. — K., in *Mém. Soc. Hist. nat. par.*, III, 387. — ROEP., *De fl. et aff. Balsam.* Basil. (1830). — AG., in *Ann. sc. nat.*, sér. 2, II, 44. — DC., in *Mém. Soc. phys. Gen.*, V, t. 1. — SPACH, *Suit. à Buffon*, XIII, 271. — TURP., in *Dict. sc. nat.*, Atl., t. 134. — ENDL., *Gen.*, n. 6060. — LINDL., *Veg. Kingd.*, 490, fig. 337. — PAYER, *Organog.*, 81, t. 17. — A. GRAY, *Gen. ill.*, t. 152. — H. BN, in *Payer Fam. nat.*, 402. — B. H., *Gen.*, 277, 989, n. 19. — SCHNIZL., *Iconogr.*, t. 257. — LEM. et DCNE, *Tr. gén.*, 352. — *Balsamina* GÆRTN., *Fruct.*, II, 151, t. 113. — T., *Inst.*, t. 235. — ADANS., *Fam. des pl.*, II, 432. — RIV., *Tetrap. irr.*, IV, 146. — J., *Gen.*, 270. — DC., *Prodr.*, I, 685.

postérieurs. Ces quatre derniers ne sont pas entièrement libres entre eux, chacun des latéraux est plus ou moins conné avec le postérieur qui l'en-

Impatiens Balsamina.

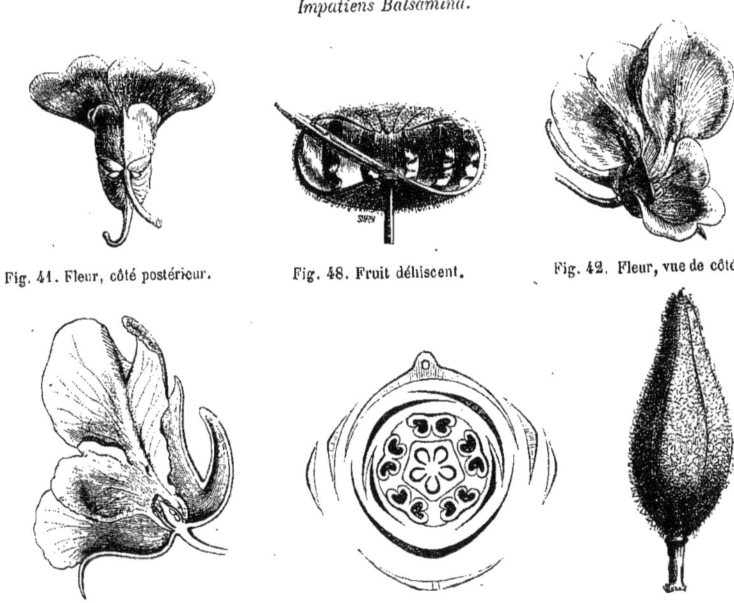

Fig. 41. Fleur, côté postérieur. Fig. 48. Fruit déhiscent. Fig. 42. Fleur, vue de côté.

Fig. 44. Fleur, coupe longitudinale. Fig. 43. Diagramme. Fig. 47. Fruit.

veloppe, de sorte que ces quatre appendices peuvent n'en représenter que deux, plus ou moins profondément bilobés. L'androcée est constitué par cinq étamines alternipétales, hypogynes, formées chacune d'un filet court et large, aplati, libre, et d'une anthère biloculaire, introrse, collée aux anthères voisines, même au moment de la sortie du pollen[1], qui se fait par deux fentes courtes, dans une étendue d'ailleurs variable. La face interne des filets se prolonge souvent en une sorte de collerette accessoire qui s'applique sur l'ovaire. Celui-ci est libre, supère, à cinq loges oppositipétales, surmonté d'un style à

Impatiens Balsamina.

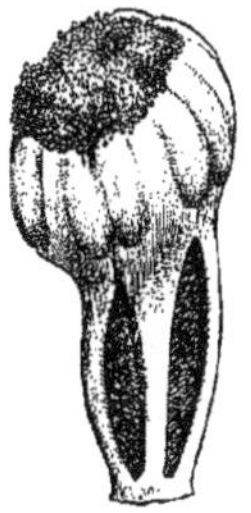

Fig. 45. Androcée et gynécée ($\frac{6}{1}$).

Fig. 46. Androcée et gynécée, coupe longitudinale.

1. « Cylindrique, un peu comprimé des deux côtés, arrondi aux extrémités; ombilic transversalement ovale, tant à la partie supérieure qu'à la partie inférieure de chacun des petits côtés (par

sommet stigmatifère divisé en cinq lobes plus ou moins prononcés. Dans l'angle interne de chaque loge se voient un nombre indefini d'ovules descendants, anatropes, à micropyle supérieur et extérieur[1]. Le fruit est une capsule loculicide, dont les cinq panneaux allongés se séparent de l'axe et s'enroulent élastiquement d'une façon variable (fig. 48, 49) pour lancer les semences, formées de téguments et d'un gros embryon charnu, sans albumen, à cotylédons plan-convexes. Dans l'*I. natans*[2], espèce succulente des marais de l'Asie tropicale, distinguée sous le nom générique de *Hydrocera*[3], le fruit est plus ou moins charnu, indéhiscent; et par là cette espèce est à peu près aux autres Balsamines ce que les *Chymocarpus* sont, comme nous l'avons vu plus haut (page 16), aux Capucines proprement dites.

Impatiens Noli-tangere.

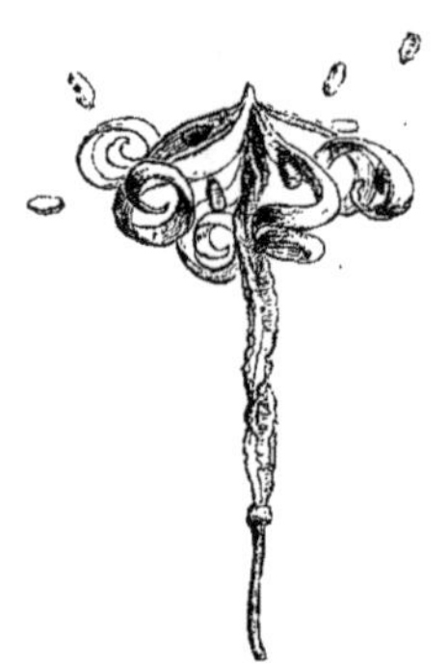

Fig. 49. Fruit déhiscent.

Ainsi constitué, ce genre renferme environ cent trente espèces[4], la plupart originaires des régions les plus chaudes de l'ancien monde; on en rencontre cependant une couple dans l'Amérique boréale, et deux ou trois dans l'Europe et l'Asie du nord. Ce sont des herbes, parfois suffrutescentes, glabres ou chargées de poils, à feuilles alternes ou opposées, sans stipules, avec un pétiole souvent glanduleux à sa base. Les fleurs sont solitaires ou disposées en cymes, dans l'aisselle des feuilles ou des bractées qui remplacent ces dernières au sommet des rameaux. Elles sont accompagnées de deux bractéoles latérales, et souvent leur poids les entraîne au sommet du pédoncule penché, en même temps que leur éperon, d'abord postérieur, peut devenir antérieur ou latéral.

conséquent quatre en tout). *I. Balsamina*, *I. Noli-tangere.* » (H. MOHL, in *Ann. sc. nat.*, sér. 2, III, 342.)

1. A double enveloppe.

2. W., *Spec.*, I, 1175. — DC., *Prodr.*, I, 687, n. 1.

3. BL., *Bijdr.*, 241; in *Ann. sc. nat.*, sér. 2, II, 90. — ENDL., *Gen.*, n. 6061. — B. H., *Gen.*, 278, n. 20.

4. HOOK., *Exot. Fl.*, t. 137, 141, 146. — REICHB., *Ic. Fl. germ.*, V, t. 198 *b*. — WIGHT et ARN., *Prodr.*, I, 135, 140 (*Hydrocera*). — LEDEB., *Icon.*, t. 89. — WALL., *Pl. as. rar.*, t. 19, 193, 194. — WIGHT, *Icon.*, t. 723, 741-751, 966-970 *bis*, 1049, 1050, 1602, 1603. — HOOK. F. et THOMS., in *Journ. Linn. Soc.*, IV, 106, 156 (*Hydrocera*). — HARV. et SOND., *Fl. cap.*, I, 312. — OLIV., *Fl. trop. Afr.*, I, 298. — BOISS., *Fl. or.*, I, 367. — BENTH., *Fl. hongk.*, 55. — A. GRAY, *Man.*, ed. 5, 108. — CHAPM., *Fl. S. Unit. St.*, 65. — C. GAY, *Fl. chil.*, I, 466. — GREN. et GODR., *Fl. de Fr.*, I, 325. — *Bot. Mag.*, t. 4404, 4615, 4623, 4631, 4662, 4704, 4739, etc. — WALP., *Rep.*, I, 467, 476 (*Hydrocera*); II, 821; V, 382; *Ann.*, I, 143; II, 239; IV, 398; VII, 503.

VII. SÉRIE DES FLŒRKEA.

La seule espèce qu'on ait pendant longtemps connue du genre *Flœrkea*[1] a des fleurs à trois ou, plus rarement, à quatre parties; il est plus commode d'en étudier une autre, dont les fleurs sont pentamères, ou

Flœrkea (Limnanthes) Douglasii.

Fig. 50. Rameau florifère.

exceptionnellement tétramères, et qu'on cultive fréquemment dans nos jardins, sous le nom de *Limnanthes*[2] *Douglasii*[3] (fig. 50-54). Le réceptacle floral y est surbaissé et porte un calice de cinq sépales valvaires, et

1. *F. proserpinoides* W., in *Neue Schr. Ges. Nat. Fr. Berl.*, III, 448. — TORR. et GRAY, *Fl. N.-Amer.*, I, 210. — R. BR., in *Lond. and Edinb. Phil. Mag.* (1833), II, 70. — LINDL., in *Hook. Journ. of Bot.*, I, t. 1 (*Rosac.*). — ENDL., *Gen.*, n. 6065. — A. GRAY, *Gen. ill.*, t. 154; *Man.*, ed. 5, 108. — B. H., *Gen.*, 275, n. 9. — H. BN, in *Adansonia* X, 362. — WALP., *Rep.*, I, 467. — *F. uliginosa* MUELH., *Cat.*, 36. — *F. lacustris* PERS., *Enchirid.*, I, 393. — *F. palustris* NUTT., *Gen.*, I, 228. — *Nectris pinnata* PURSH, *Fl. bor.-amer.*, I, 239.

2. R. BR., in *Lond. and Edinb. Phil. Mag.*, *loc. cit.* (1833). — ENDL., *Gen.*, n. 6066. — PAYER, *Organog.*, 51, t. 10. — B. H., *Gen.*, 374, n. 8.

3. R. BR., *loc. cit.* — LINDL., in *Bot. Reg.*, t. 1673. — *Bot. Mag.*, t. 3554.

une corolle régulière de cinq pétales alternes, à onglet court, tordus dans la préfloraison. L'androcée est formé de deux verticilles de cinq étamines hypogynes et libres. Celles qui sont superposées aux sépales ont un filet plus long et garni en dehors de sa base d'une courte écaille glanduleuse.

Flœrkea (Limnanthes) Douglasii.

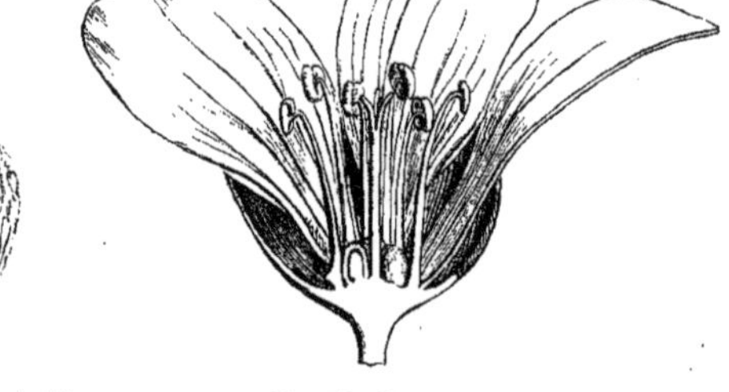

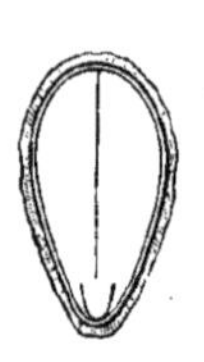

Fig. 53. Carpelle mûr ($\frac{3}{1}$).

Fig. 52. Fleur, coupe longitudinale ($\frac{3}{1}$).

Fig. 54. Carpelle, coupe longitudinale.

Les anthères sont biloculaires, introrses, déhiscentes par deux fentes longitudinales, réfléchies et définitivement extrorses après l'anthèse. Le gynécée est formé de cinq carpelles alternipétales, à ovaire libre, uniloculaire et renfermant, tout près de sa base, un seul ovule ascendant, anatrope, avec le micropyle tourné en bas et en dehors[1]. De la base du bord interne de chaque ovaire naît un style gynobasique, qui s'unit avec les quatre autres en un tube dressé, et qui ne devient libre qu'un peu au-dessous de son sommet, renflé en une petite tête stigmatifère. Le fruit, qu'accompagne le calice persistant, est formé de cinq achaines[2], à surface extérieure rugueuse (fig. 53), renfermant chacun une graine ascendante, dont les téguments recouvrent un embryon charnu, dépourvu d'albumen, à courte radicule infère, cachée par la base des cotylédons (fig. 54).

Flœrkea (Limnanthes) Douglasii

Fig. 51. Diagramme.

Les *Flœrkea* proprement dits ne diffèrent, comme nous l'avons vu, de ceux de la section *Limnanthes* que par le nombre moindre des parties de la fleur. On ne saurait, pour cette seule raison, faire pour ces plantes au delà d'un seul genre, qui, ainsi conçu, renferme trois ou

1. Il a deux téguments distincts.

2. Légèrement drupacés au début.

quatre espèces[1] herbacées, originaires des portions tempérées occidentales de l'Amérique du Nord, principalement de la Californie. Leurs feuilles sont alternes, sans stipules, pinnatiséquées, glabres, comme le reste de la plante; et leurs fleurs[2] sont axillaires et solitaires. Par l'indépendance complète de leurs carpelles, ces plantes sont à celles des séries qui suivent à peu près ce que sont aux Géraines les Biebersteiniées à carpelles indépendants.

VIII. SÉRIE DES SURELLES.

Dans les Surelles[3] (fig. 55-68), les fleurs sont régulières et hermaphrodites, avec un réceptacle convexe. Le calice est composé de cinq sé-

Oxalis crenata.

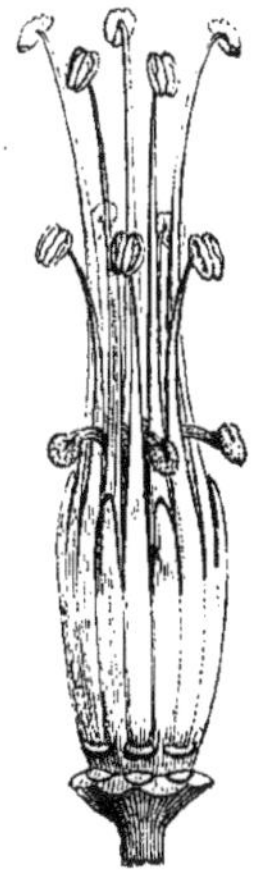

Fig. 56. Fleur, sans le périanthe ($\frac{10}{1}$).

Fig. 55. Rameau foliacé.

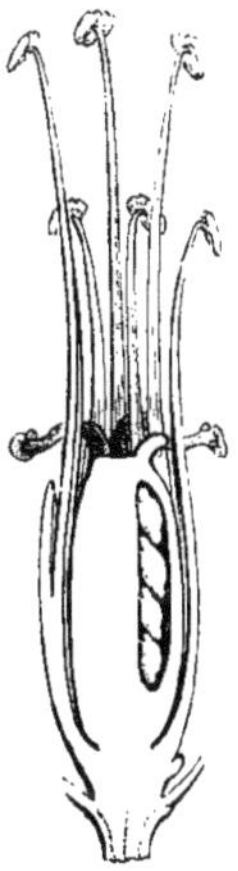

Fig. 57. Fleur, coupe longitudinale.

1. ENDL., *Atakt.*, t. 27. — DON, in *Sweet Fl. Gard.*, II, t. 378. — BENTH., in *Hort. Trans.*, ser. I, 409. — LINDL., in *Journ. Hort. Soc.*, IV, 78. — V. HOUTTE, *Fl. des serres*, V, 4346. — WALP., *Rep.*, I, 467; *Ann.*, II, 239.

2. Blanches, teintées en jaune vers les onglets, ou rosées.

3. *Oxalis* L., *Gen.*, n. 582. — J., *Gen.*, 270;

pales[1], disposés dans le bouton en préfloraison quinconciale, et la corolle, de cinq pétales alternes, libres[2], et tordus dans la préfloraison. L'androcée est formé de dix étamines, à anthères biloculaires, introrses[3], déhiscentes par deux fentes longitudinales[4]. Leurs filets sont libres ou unis

Oxalis Acetosella.

Fig. 58. Bouton ($\frac{2}{1}$).

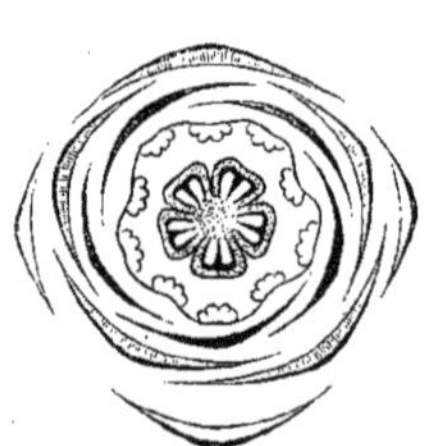

Fig. 59. Diagramme.

Fig. 60. Fruit déhiscent ($\frac{3}{1}$).

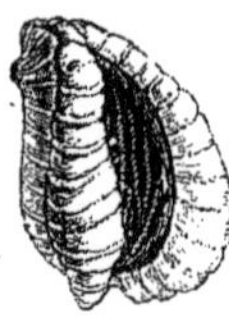

Fig. 61. Graine, dont le tégument superficiel se détache ($\frac{5}{1}$).

Fig. 62. Graine, sans le tégument superficiel.

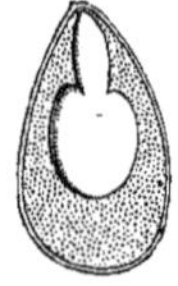

Fig. 63. Graine, sans le tégument superficiel, coupe longitudinale.

entre eux inférieurement. Ceux des étamines alternipétales[5] sont plus longs que les cinq autres, et leurs filets portent en dehors une languette d'une longueur variable. Le gynécée est supère, formé d'un ovaire à cinq loges oppositipétales, surmonté d'un même nombre de branches stylaires, à extrémité stigmatifère renflée en tête, bifide ou laciniée.

in *Mém. Mus.*, V, 230. — GÆRTN., *Fruct.*, II, 252, t. 113. — LAMK, *Ill.*, t. 391 ; *Dict.*, IV, 675 ; Suppl., IV, 237. — TURP., in *Dict. sc. nat.*, Atl., t. 132. — DC., *Prodr.*, I, 690. — SPACH, *Suit. à Buffon*, III, 237. — LINDL., *Veg. Kingd.*, 488, fig. 336. — ENDL., *Gen.*, n. 6058. — PAYER, *Organog.*, 54, t. 11. — A. GRAY, *Gen. ill.*, t. 144. — B. H., *Gen.*, 276, 989, n. 15. — H. BN, in *Payer Fam. nat.*, 398. — LEM. et DCNE, *Tr. gén.*, 357. — *Oxys* T., *Inst.*, 88, t. 19. — ADANS., *Fam. des pl.*, II, 388. — *Biophytum* DC., *Prodr.* I, 689. — SPACH, *loc. cit.*, 268.

1. Ils portent souvent, tous ou certains d'entre eux, deux ou plusieurs taches jaunes collatérales, rapprochées du sommet, semblables aux « glandes » des feuilles caulinaires, et qui, présentant une modification singulière du tissu, sont peut-être les analogues des loges de l'anthère dans l'étamine.

2. Cependant la corolle tombe souvent d'une seule pièce, les pétales demeurant accrochés entre eux dans une certaine étendue ; ce qui tient à une disposition particulière de leurs bords, analogue à celle qui s'observe dans les Linées. Les pétales ont souvent leurs deux moitiés un peu insymétriques, le bord recouvert différant un peu de forme de celui qui est recouvrant ; il n'a pas non plus toujours la même teinte. La corolle s'ouvre souvent au soleil, pour se refermer ensuite ; d'ordinaire aussi elle est très-caduque, comme celle des Lins.

3. Quand elles sont plus ou moins oscillantes, leur face peut se renverser en dehors.

4. Le pollen est formé de grains ellipsoïdes à trois plis, ou ovoïdes, à membrane externe divisée en deux bandes semi-lunaires (H. MOHL., in *Ann. sc. nat.*, sér. 2, III, 335).

5. Plus ou moins intérieures aux cinq autres.

Dans l'angle interne de chaque loge, il y a un placenta qui supporte un, deux, ou un nombre indéfini d'ovules descendants, anatropes, à micropyle extérieur et supérieur, disposés primitivement sur deux séries verticales [1]. Le fruit, accompagné ordinairement du calice persistant, est une capsule loculicide dont le péricarpe demeure après la déhiscence adhérent à l'axe du fruit [2]. Par les fentes de déhiscence s'échappent, en nombre très-variable, les graines qui, sous leur triple tégument [3], renferment un albumen charnu dont l'axe est occupé par un embryon rectiligne. Le tégument extérieur, épaissi et charnu [4], se fend à la maturité (fig. 64), et se sépare alors des portions plus profondes de la graine qu'il lance au loin avec élasticité. Ce genre renferme au moins deux cents espèces [5], originaires surtout de l'Afrique australe et des régions chaudes et tempérées de l'Amérique du Sud. Il y en a une demi-douzaine d'espèces qui sont largement répandues, les unes dans les portions tropicales, les autres dans les régions tempérées du globe presque entier.

Oxalis violacea.

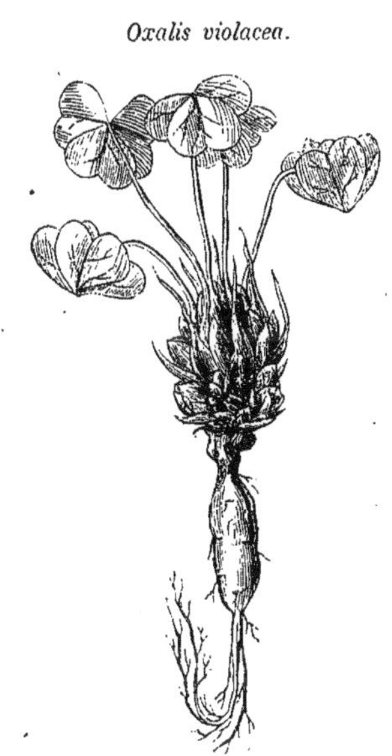

Fig. 64. Port.

Ce sont des herbes, des sous-arbrisseaux ou des arbustes de petite taille. Leurs feuilles sont alternes, pétiolées, composées-pennées ou digitées. trifoliolées ou formées d'un grand nombre de folioles [6] articulées, entières

1. Ils ont deux enveloppes. L'exostome se prolonge souvent en un tube plus ou moins épaissi, parfois coiffé d'un petit obturateur.

2. Toutefois, dans les *Biophytum* (fig. 67), les valves du fruit s'étalent toutes en étoile.

3. La couche profonde est membraneuse, blanchâtre. Le tégument moyen est épais, crustacé, de couleur foncée.

4. Formé de cellules blanchâtres et de rares faisceaux trachéens.

5. JACQ., *Oxalid. Mon.* Vindob. (1794), in-4. — REICHB., *Ic. Fl. germ.*, V, t. 199. — ZUCC., in *Denks. Ak. Münch.*, IX (1825), t. 1-6; in *Abh. Münch.*, I (1831), t. 1-3. — H. B. K., *Nov. gen. et spec.*, V, t. 466-471. — A. S. H., *Pl. us. Bras.*, I, 104, t. 43-45; *Fl. Bras. mer.*, I, 104, t. 21-25. — C. GAY, *Fl. chil.*, I, 122. — GRISEB., *Cat. pl. cub.*, 47; *Fl. brit. W.-Ind.*, 133. — A. GRAY, *Man.*, ed. 5, 109. — CHAPM., *Fl. S. Unit. St.*, 63. — HOOK. F., *Fl. N.-Zel.*, t. 13; *Man.*, 38. — BENTH., *Fl. austral.*, I, 300; *Fl. hongkong.*, 56. — WIGHT, *Icon.*, t. 18; *Ill.*, t. 62 (*Biophytum*). — THW., *Enum. pl. Zeyl.*, 64, 409. — BOISS., *Fl. or.*, I, 866. — OLIV., *Fl. trop. Afr.*, I, 295. — HARV. et SOND., *Fl. cap.*, I, 313. — GREN. et GODR., *Fl. de Fr.*, I, 325. — *Bot. Mag.*, t. 155, 237, 4490, etc. — WALP., *Rep.*, I, 476; II, 821; V, 383; *Ann.*, I, 147; II, 240; IV, 399; VII, 495.

6. C'est encore une des différences entre les *Oxalis* vrais et les *Biophytum*, que les feuilles de ces derniers sont paripinnées, avec des folioles nombreuses, articulées et douées de mouvements qui s'exécutent avec peu d'intensité, sous l'influence de la lumière, de l'obscurité, des chocs,

ou bilobées, plus rarement réduites à une seule foliole. Dans ce cas, le pétiole peut être dilaté en un phyllode au sommet duquel le limbe peut

Oxalis purpurata.

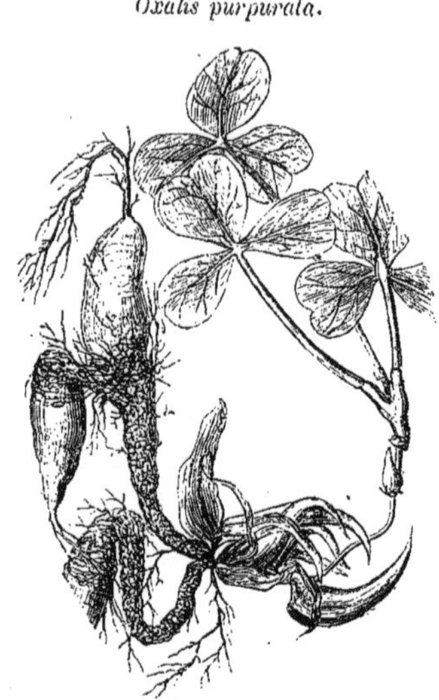

Fig. 65. Port

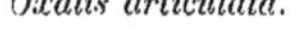

Oxalis articulata.

Fig. 66. Port.

être réduit à de très-petites dimensions, ou même disparaître tout à fait. Mais ce qu'il y a de plus variable dans ce genre, c'est l'organisation et la configuration de la tige. Celle-ci est parfois aérienne, cylindrique, soit ligneuse, soit herbacée. Ailleurs, elle consiste en un rhizome plus ou moins renflé et charnu dans ses portions corticales (fig. 64, 65) et dont l'évolution présente d'assez nombreuses variations. Il peut devenir réservoir de sucs et présenter une forme cylindrique, épaisse, ou à peu près globuleuse, comme un bulbe plein (fig. 68), de même qu'une ou plusieurs racines qui prennent alors la forme de pivots coniques, et que certains bourgeons, tantôt terminaux et tantôt axillaires (fig. 64, 65). Ces bourgeons, devenus tout à fait charnus et chargés de cicatrices, peuvent se comporter comme les tubercules de la

Oxalis (Biophytum) sensitiva.

Fig. 67. Fruit déhiscent.

en somme dans les mêmes conditions à peu près que dans les Mimeuses. On a aussi constaté les phénomènes du sommeil dans un grand nombre d'*Oxalis* à feuilles plurifoliolées (fig. 55).

Pomme de terre (fig. 68), et c'est dans ce cas surtout qu'ils deviennent comestibles. Les fleurs[1] sont axillaires, solitaires ou réunies au sommet d'une hampe commune, en une ou plusieurs cymes unipares, simulant des ombelles, comme celles des Géraniées[2].

Oxalis Andrieuxii.

Fig. 68. Port.

L'*Hypseocharis pimpinellifolia*[3], petite herbe vivace des Andes boliviennes, est aux *Oxalis* ce que les *Monsonia* sont aux Géraines; car ses fleurs ont quinze étamines, au lieu de dix. Des glandes peu volumineuses et nombreuses sont placées au niveau de l'insertion des pétales et de l'androcée, et l'ovaire est à cinq loges oppositipétales, multiovulées. Les feuilles de cette plante sont alternes et imparipennées; ses fleurs[4] sont disposées en cymes scorpioïdes au sommet d'une hampe commune.

Les Caramboliers[5] ont tout à fait la fleur des *Oxalis*. Dans l'une des deux espèces connues, l'*Averrhoa Bilimbi*[6], les dix étamines sont fertiles, et cinq seulement d'entre elles, les alternipétales, dans le Caramb. vrai[7]. Mais ce sont des arbres asiatiques, à feuilles pennées, et leur fruit est une baie pentagonale. Le fruit est également charnu, quoique plus petit, dans les arbres de l'Asie tropicale dont on a fait le genre *Connaropsis*[8], et qu'on pourra sans doute, quand ils seront mieux connus, faire rentrer dans le

1. Blanches, jaunes, roses, pourprées ou versicolores, ou chinées.

2. Plusieurs espèces ont deux sortes de fleurs; celles qui ont la corolle nulle ou peu développée étant tardives et produisant plutôt des fruits que celles dont les pétales sont bien développés et qui sont parfois complétement stériles. (Voy. H. BN, in *Adansonia*, VII, 97.)

3. REMY, in *Ann. sc. nat.*, sér. 3, VIII, 238. — WEDD., *Chlor. andin.*, II, 289, t. 81. — B. H., *Gen.*, 276, n. 14. — H. BN, in *Adansonia*, X, 362.

4. Blanches, à onglets jaunes.

5. *Averrhoa* L., *Gen.*, n. 577. — J., *Gen.*, 375. — LAMK, *Dict.*, I, 619; Suppl., II, 90; *Ill.*, t. 385. — CORR., in *Ann. Mus.*, VIII, 71, t. 2. — DC., *Prodr.*, I, 689. — SPACH, *Suit. à Buffon*, III, 234. — ENDL., *Gen.*, n. 6059. — B. H., *Gen.*, 277, n. 16. — H. BN, in *Payer Fam. nat.*, 399.

6. L., *Spec.*, 613. — CAV., *Diss.*, t. 220. — *Blimbingum teres* RUMPH., *Herb. amboin.*, I, 119, t. 36. — BUCH., *Dec.*, III, t. 6. — *Malus indica fructu 5-gono Bilimbi dicto* (RAY, *Hist.*, 1449).

7. *A. Carambola* L., *loc. cit.* — CAV., *Diss.*, t. 220. — *Prunum stellatum* RUMPH., *Herb. amboin.*, I, 118, t. 35. — BUCH., *Dec.*, X, t. 3. — *Malus indica fructu acido flavo 5-gono sulcato* (HERM.).

8. PL., ex HOOK. F., in *Trans. Linn. Soc.*, XXIII, 166. — B. H., *Gen.*, 277, n. 17. — H. BN, in *Adansonia*, X, 361. — WALP., *Ann.*, VII, 502 (3 esp.).

genre *Averrhoa;* ils y formeraient, dans ce cas, une section caractérisée par des feuilles réduites à trois ou même à une seule foliole[1].

Les *Geranium* et les genres voisins, après avoir été généralement rapprochés des Mauves, sont devenus, avant le milieu du XVIIIe siècle[2], le type d'un groupe particulier. B. DE JUSSIEU[3], en 1759, et ADANSON, en 1763, établirent chacun un Ordre des *Gerania;* mais le premier en fit un composé tout à fait informe en y plaçant, à côté des *Geranium* et des *Oxalis,* les *Malpighia* et deux genres voisins, les Sapindacées connues de son temps, les Vignes, les Ménispermées, les Passiflores et des Malvacées : les *Bombax* et les *Hermannia.* ADANSON[4] épura beaucoup la famille en supprimant les Ménispermées, Passiflorées, Bombacées et Ampélidées, mais il y introduisit les Capucines, les *Melianthus* et les *Viola.* En 1789, A. L. DE JUSSIEU[5] ne laissait plus dans l'Ordre des Géraines que les *Geranium* et *Monsonia,* et, comme *genera affinia,* les *Tropæolum, Balsamina* et *Oxalis,* qu'il en sépara intempestivement de nouveau en 1817[6]. Les Neuradées, dont les étroites affinités avec les Géraniées avaient été comprises par la plupart des anciens botanistes, avaient malheureusement été jusque dans ces derniers temps presque unanimement reléguées dans l'Ordre des Rosacées[7]. Les *Biebersteinia,* considérés comme des Rutacées[8], furent, en 1862, rangés par MM. BENTHAM et HOOKER[9] parmi les Géraniées. Les mêmes auteurs réintégraient les Balsaminées, les Tropæolées et les Oxalidées dans la famille des Géraniacées, ainsi que les *Flœrkea* et les *Limnanthes,* considérés précédemment comme constituant une famille distincte. Les Balbisiées et Vivianiées, dès qu'elles furent connues, avaient été considérées comme très-analogues aux Oxalidées[10].

Telle qu'elle se trouve actuellement constituée, cette famille comprend

1. Le *Dapania racemosa* (KORTH., in *Ned. Kruidk. Arch.* (1854), 381. — PL., in *Ann. sc. nat.*, sér. 4, II, 266. — MIQ., *Fl. ind.-bat.*, Suppl., I, 398. — B. H., *Gen.*, 277, n. 18), plante de Sumatra, qui, d'après les caractères qu'on en donne, se rapprocherait beaucoup des *Averrhoa,* s'en distinguerait cependant par ses feuilles simples et ses loges ovariennes (« carpella subcoalita »). On l'a aussi rapporté avec doute aux Quassiées (Simarubées).

2. LINNÉ, en 1738, dans ses *Classes plant.*, range les *Geranium*, avec certaines Sapindacées, etc., dans son Ordre 50, des *Trihilatæ*.

3. EX A. L. JUSS., *Gen.*, lxviij.

4. *Fam. des pl.*, II, 388, Fam. 49.

5. *Gen.*, 268, Ord. 13.

6. In *Mém. Mus.*, V, 230, 232.

7. Voy. p. 10, note 2. — H. BN, in *Adansonia*, X, 361.

8. LINDL., *Veg. Kingd.*, 469.

9. *Gen.*, 270, 271.

10. JUSS., in *Mém. Mus.*, V, 231.

dix-huit genres, répartis en huit séries dont les caractères généraux sont les suivants :

I. BIEBERSTEINIÉES [1]. — Fleurs régulières, hermaphrodites, diplostémonées, à réceptacle convexe. Carpelles oppositipétales, indépendants, indéhiscents. Ovules solitaires. — 1 genre.

II. GÉRANIÉES [2]. — Fleurs régulières ou irrégulières (à éperon non libre), à réceptacle convexe. Carpelles oppositipétales, unis en un ovaire pluriloculaire, à ovules géminés. Fruits rostrés, à panneaux se séparant de la columelle centrale. — 4 genres.

III. NEURADÉES [3]. — Fleurs régulières, à réceptacle concave. Ovules solitaires. Carpelles 5-10, déhiscents au sommet et nichés dans la concavité du réceptacle persistant, sec. — 2 genres.

IV. BALBISIÉES [4]. — Fleurs régulières, avec ou sans corolle, à réceptacle convexe. Carpelles alternipétales, unis en ovaire pluriloculaire. Ovules 2 - ∞. Fruit capsulaire, loculicide ou septifrage. — 4 genres.

V. TROPÆOLÉES [5]. — Fleurs irrégulières, à réceptacle concave, prolongé postérieurement en éperon libre. Étamines périgynes, disposées par quatre sur deux verticilles. Carpelles 3, uniovulés, indéhiscents, se séparant de la columelle à la maturité. — 1 genre.

VI. BALSAMINÉES [6]. — Fleurs irrégulières, à réceptacle convexe. Sépale postérieur prolongé en éperon libre. Étamines 5, hypogynes. Carpelles 5, unis en ovaire pluriloculaire. Loges pluriovulées. Fruit capsulaire, à déhiscence élastique, ou charnu, indéhiscent. — 1 genre.

VII. FLOERKÉÉES [7]. — Fleurs régulières, 3-5-mères, à réceptacle planconvexe. Carpelles libres dans la fleur et dans le fruit, à style gynobasique. Ovules solitaires, ascendants. — 1 genre.

VIII. OXALIDÉES [8]. — Fleurs régulières, di- ou triplostémonées, à ré-

1. ENDL., *Gen.*, 1165 (Gen., *Zygophylleis* affin.). — AG., *Theor. Syst.*, 167 (*Rosac.*).

2. *Geraniaceæ* DC., *Fl. fr.*, IV (1805), 828 ; *Prodr.*, I, 637, Ord. 46. — ENDL., *Gen.*, 1166, Ord. 254. — LINDL., *Veg. Kingd.*, 493, Ord. 187. — AG., *op. cit.*, 170.

3. *Neuradeæ* DC., *Prodr.*, II, 548 (*Rosac.* trib. 4). — ENDL., *Gen.*, 1249 (*Rosac.* subord. 4). — LINDL., *Veg. Kingd.*, 565 (*Rosac.* trib. V ?). — AG., *op. cit.*, 288.

4. H. BN, in *Payer Fam. nat.*, 397, Fam. 172. — *Ledocarpeæ* MEYEN, *Reis.*, I, 307. — *Rhynchotheceæ*, *Ledocarpeæ*, *Vivianieæ* (*Geran. affin.*) ENDL., *Gen.*, 1169. — AG., *op. cit.*, 203. — *Oxalidaceæ* (part.) LINDL., *Veg. Kingd.*, 489. — *Vivianiaceæ* KL., in *Linnæa*, X (1836), 433. — LINDL., *op. cit.*, 365, Ord. 128. — *Wendtieæ* B. H., *Gen.*, 270, 275.

5. J., in *Mém. Mus.*, III, 447 (1817). — DC., *Prodr.*, I, 683, Ord. 47. — ENDL., *Gen.*, 1174, Ord. 258. — AG., *op. cit.*, 208. — *Tropæolaceæ* LINDL., *Veg. Kingd.*, 366, Ord. 129.

6. A. RICH., in *Dict. Hist. nat.*, II, 173 (1822). — DC., *Prodr.*, I, 685, Ord. 48. — ENDL., *Gen.*, 1173, Ord. 257. — AG., *op. cit.*, 59 (*Œnothereæ* ?). — *Balsaminaceæ* LINDL., *Introd.*, ed. 2, 138; *Veg. Kingd.*, 490, Ord. 186. — *Hydrocereæ* BL., *Bijdr.*, 241 (1825).

7. *Limnantheæ* R. BR., in *Lond. and Edinb. phil. Mag. and Journ.* (july 1833). — ENDL., *Gen.*, 1175, Ord. 269. — LINDL., *Veg. Kingd.*, 367 (*Tropæolac.* trib. 2). — AG., *op. cit.* 57. — *Limnanthaceæ* LINDL., *Introd.*, ed. 2, 142.

8. DC., *Prodr.*, I (1824), 69, Ord. 489. —

ceptacle convexe. Carpelles unis en ovaire à loges 2-∞-ovulées, oppositipétales. Fruit capsulaire loculicide ou charnu. — 3 (ou 4) genres.

On voit par là que les caractères les plus importants pour distinguer les séries ou les genres, sont tirés de la configuration du réceptacle, de la forme régulière ou irrégulière des fleurs, du nombre des étamines, de la situation des carpelles par rapport aux pièces du périanthe, de leur indépendance ou de leur union, de l'organisation du fruit et de son mode de déhiscence, du nombre et de la direction des ovules et des graines. Les autres caractères, qui varient d'un genre à l'autre, sont : le mode de préfloraison du calice, la présence ou l'absence de pétales, le nombre des étamines fertiles et stériles, celui des loges ovariennes, la consistance du péricarpe et la configuration de l'embryon.

C'est dans ces caractères qu'il faut trouver les affinités les plus étroites des Géraniacées. D'une part, par les *Biebersteinia*, elles sont très-voisines des Rutacées et des Ochnacées, se distinguant à peine, parmi les premières, des Surianées, qui ont deux ovules dans chaque carpelle [1], et des Zygophyllées, qui ont généralement des filets staminaux libres et garnis d'une écaille basilaire intérieure, comme ceux des Quassiées, un fruit à déhiscence différente et des inflorescences latérales soulevées. D'autre part, les Géraniacées confinent aux Linacées dont nous verrons qu'elles ne se séparent guère que d'une façon tout à fait artificielle.

Les six cents espèces environ [2] que renferme ce groupe sont distribuées à la surface du globe de telle façon qu'il y en a tout au plus un sixième dans l'Amérique. Les cinq autres sixièmes appartiennent à l'ancien monde [3]. Toutes les Balbisiées, au nombre d'une douzaine, sont originaires de l'Amérique du Sud ; il en est de même des Capucines, des *Flœrkea* et des *Hypseocharis*. Par contre, les *Averrhoa*, *Dapania* et *Biebersteinia* (sauf un) sont asiatiques. Les *Monsonia* sont asiatiques et surtout africains. Les *Pelargonium* sont presque uniquement

ENDL., *Gen.*, 1171, Ord. 251. — *Oxalidaceæ* LINDL., *Introd.*, ed. 2, 140 ; *Veg. Kingd.*, 438, Ord. 185.

1. Voy. *Adansonia*, X, 317, 360.

2. Celles des genres *Pelargonium* et *Oxalis* sont souvent mal définies et devraient sans doute être encore réduites ; de là la difficulté de fixer un nombre total exact.

3. Il y a quelques espèces communes de *Geranium* européens qui ont suivi l'homme dans certaines portions de l'Amérique, notamment le *G. Robertianum* (voy. A. DC., *Géogr. bot.*, 720). Certains *Impatiens*, comme l'*I. fulva*, originaire d'Amérique, auraient été naturalisés en Europe. Les *Oxalis* européens à fleurs jaunes, comme les *O. corniculata* et *stricta*, existeraient pour des raisons analogues dans les deux mondes (A. DC., *op. cit.*, 629, 660).

des plantes de l'Afrique australe; cependant nous avons vu que quelques espèces appartiennent à l'Orient, à l'Afrique boréale, même à la Nouvelle-Zélande et à l'Australie. Il y a dans le monde entier, il est vrai, des *Geranium*, *Erodium*, *Impatiens*, mais ce sont surtout des plantes des régions tempérées de l'ancien continent [1].

Les propriétés [2] des Géraniacées sont assez variées; mais elles se rapportent surtout à deux types. Les unes sont odorantes, aromatiques, par exemple les *Geranium*, *Pelargonium;* et les autres d'une acidité ou d'une âcreté piquante, à la façon des Crucifères: tels sont les *Tropæolum*, les *Oxalis* et les *Flœrkea*. Mais toutes sont excitantes, stimulantes, chaudes, et par suite digestives, apéritives, antiscorbutiques, etc. L'huile essentielle volatile, qui les rend odorantes, n'est pas très-abondante dans les organes de la végétation [3] des *Geranium* et *Erodium* des régions tempérées. Toutefois sa présence est manifeste dans les feuilles parfumées de l'*E. moschatum* [4], qui sert à préparer des infusions excitantes, digestives, diaphorétiques, et dans celles du *Geranium* Bec-de-grue [5] (fig. 1, 12-14) et des *G. rotundifolium* [6] et *pratense* [7]. Plus souvent il s'y joint une certaine proportion de principes tanniques qui font employer comme toniques, astringents, hémostatiques ou vulnéraires, les *G. sanguineum* (fig. 8-11), *columbinum*, *pusillum*, *nodosum*, *carolinianum*, *mexicanum*, *Hernandezii*, *tuberosum*, etc., et les *Erodium gruinum* et *cicutarium* [8]. Ces propriétés sont bien plus prononcées encore dans les *Geranium maculatum* [9], ou *Alum root* des États-Unis, qui passe pour un hémostatique et un puissant remède contre les diarrhées et dysen-

1. Les *Erodium* ne sont peut-être pas originaires de l'Amérique; en tout cas, il y en a bien peu qui puissent la revendiquer comme patrie. Il n'y a probablement que deux *Impatiens* américains, tandis que l'ancien continent en possède environ cent trente.

2. ENDL., *Enchirid.*, 621, 625, 626, 628. — GUIB., *Drog. simpl.*, éd. 6, III, 567-572. — LINDL., *Fl. med.*, 221, 222. — ROSENTH., *Synops. plant. diaphor.*, 888-892, 894-899.

3. Cette essence est sécrétée par des poils capités que, dans les *Pelargonium* dits *Rosats*, on observe en quantité inégale sur les deux surfaces des feuilles (et sur d'autres organes de végétation). Ils sont formés de plusieurs cellules placées bout à bout, séparées par des cloisons transversales, et leur tête renflée est le plus souvent sphérique, ou à peu près.

4. W., *Spec.*, III, 631. — DC., *Prodr.*, I, 647, n. 23. — ROSENTH., *op. cit.*, 888 (*Herba Moschatæ* v. *Acus muscatæ* off.).

5. *Geranium Robertianum* L., *Spec.*, 955. — DC., *Prodr.*, I, 644, n. 63. — GREN. et GODR., *Fl. de Fr.*, I, 307. — CAZIN, *Pl. médic. indig.*, éd. 3, 477, t. 20. (*Herbe à Robert*, *Herbe à l'esquinancie*, *Pied-de-pigeon*, *Pied-de-colombe*, *Bec-de-cigogne*, *Patte-d'alouette*, *Persil maringouin*.)

6. L., *Spec.*, 957. — CAV., *Diss.*, IV, t. 93, fig. 2. — GREN. et GODR., *Fl. de Fr.*, I, 305.

7. L., *Spec.*, 954. — CAV., *Diss.*, IV, t. 87, fig. 1. — DELAUN., *Herb. de l'amat.*, t. 118 (*Herba Geranii batrachioidis* off.).

8. Voy. ROSENTH., *op. cit.*, 888-890.

9. L., *Spec.*, 955. — DILL., *Elth.*, t. 132, fig. 159. — CAV., *Diss.*, IV, t. 86, fig. 2. — BIGEL., *Amer. med. Bot.*, I, 84, t. 8. — DC., *Prodr.*, I, 642, n. 38. — MÉR. et DEL., *Dict. Mat. méd.*, III, 368. — LINDL., *Fl. med.*, 221. — BENTL., in *Pharm. Journ.*, ser. 2, V, 20. — GUIB., *op. cit.*, 570. — ROSENTH., *op. cit.*, 899 (*Crowfoot*).

teries [1]. Les *Monsonia* sont aussi employés au Cap comme astringents [2], et il en est de même de plusieurs *Pelargonium* : au Cap, les *P. antidysentericum* [3], *cucullatum* [4], recommandés contre les affections nerveuses et intestinales ; dans l'Inde, le *P. anceps* [5], préconisé comme emménagogue et même comme favorisant la parturition. Dans ce dernier genre, l'huile essentielle, ordinairement abondante, rend plusieurs espèces extrêmement odorantes ; elle s'extraît en quantité par distillation, pour les usages industriels, des feuilles de certaines espèces du Cap, souvent cultivées en grand pour cet usage, et entre autres des *P. Radula* [6], *roseum* [7], *capitatum* [8] et *odoratissimum* [9]. On l'emploie souvent à falsifier l'essence de Roses dont elle a le parfum ; et les espèces qui la fournissent sont souvent désignées sous le nom de *Géranium Rosat* [10]. Les eaux distillées de ces plantes contiennent, comme celles des Roses, une certaine quantité de principes astringents ; on peut donc les employer comme topiques contre les angines, les ophthalmies légères ; et quand le tannin y devient plus abondant, certaines Géraniées peuvent servir à la préparation des peaux. C'est ce qui arrive pour les *Geranium sylvaticum*, *reflexum*, *macrorhizum*, *sanguineum*. Le *G. sylvaticum* sert en outre, uni au sulfate de fer, à teindre en noir ; les *G. sanguineum*, *Robertianum*, l'*Erodium moschatum*, donnent une teinture jaune ; les fleurs du *G. molle*, une teinture bleue. L'odeur de plusieurs Géraniées éloigne, dit-on, les insectes parasites [11]. Celle des feuilles de plusieurs *Pelargonium* est intense et désagréable ; mais quelques-uns, notamment le *P. triste* [12],

1. Plus riche, dit-on, en tannin que le Kino, il s'emploie en poudre, en extrait et en teinture. Cette dernière est souveraine, assure-t-on, contre les aphthes et les ulcères de la bouche. C'est un bon tonique pour les enfants affectés de maladies du tube digestif, et qui devrait être expérimenté en Europe.

2. Notamment le *M. ovata* CAV., *Diss.*, IV, 193, t. 113, fig. 1. — DC., *Prodr.*, I, 638, n. 4. — ROSENTH., *op. cit.*, 891. — *M. emarginata* LHÉR., *Geraniol.*, t. 41. — *Geranium emarginatum* L. F., *Suppl.*, 306.

3. STEUD., ex ROSENTH., *op. cit.*, 892. — *Jenkinsonia antidysenterica* ECKL. et ZEYH.

4. AIT., *Hort. kew.*, II, 426. — HARV. et SOND., *Fl. cap.*, I, 302, n. 144.

5. AIT., *Hort. kew.*, II, 40. — JACQ., *Collect.*, IV, 184, t. 22. — *Peristera anceps* ECKL. et ZEYH.

6. AIT., *Hort. kew.*, II, 423. — CAV., *Diss.*, t. 101, fig. 1. — LHÉR., *Geraniol.*, t. 16. — ECKL. et ZEYH., *Enum.*, 645. — HARV. et SOND., *Fl. cap.*, n. 159. — *P. revolutum* JACQ., *Icon.*, t. 133.

7. AIT., *Hort. kew.*, ed. 2, IV, 161. — DC., *Prodr.*, I, 651, n. 31. — HARV. et SOND., *Fl. cap.*, I, 268. — SWEET, *Geran.*, t. 262. — ROSENTH., *op. cit.*, 891. — *P. condensatum* PERS., *Enchirid.*, II, 227. — *Geranium roseum* ANDR., *Bot. Rep.*, t. 173. Espèce maintenant assez rare et perdue, dit-on, en Angleterre.

8. AIT., *Hort. kew.*, II, 425. — DC., *Prodr.*, I, 674. — CAV., *Diss.*, t. 105, fig. 1. — HARV. et SOND., *Fl. cap.*, n. 146. Souvent cultivé sous le nom erroné de *P. roseum*. Le *P. vitifolium* AIT. appartient peut-être à cette espèce comme simple variété.

9. AIT., *Hort. kew.*, II, 419. — CAV., *Diss.*, t. 103. — SWEET, *Geran.*, t. 299. — HARV. et SOND., *Fl. cap.*, n. 139.

10. Voy. GUIB., *op. cit.*, III, 571. L'essence d'*Andropogon* (Graminée), dite de *Geranium*, qui vient de l'Inde, ne doit pas être confondue avec celle-ci.

11. Celle du *Geranium purpureum* passe pour chasser les punaises.

12. AIT., *Hort. kew.*, II, 418. — DC., *Prodr.*, I, 662. — HARV. et SOND., *Fl. cap.*, I, 274. —

ont des fleurs qui exhalent la nuit un suave parfum. Quelques Géraniées ont des portions souterraines, renflées et succulentes, qui peuvent servir à l'alimentation. On mange en Égypte les tubercules de l'*Erodium hirtum;* en Australie, ceux du *Geranium parviflorum* [1]; au Cap, les bourgeons et les feuilles acidules des *Pelargonium peltatum* [2] et *acetosum* [3]. Mais c'est surtout parmi les *Oxalis* qu'on trouve des feuilles et des tubercules comestibles. Les tiges souterraines et renflées, à la façon de celles des Pommes de terre, des *O. tetraphylla* et *esculenta*, au Mexique; des *O. Deppei*, *crassicaulis*, au Pérou, se vendent comme comestibles. Les *Oca* du Pérou, qui se mangent aussi comme légumes, et dont on distingue actuellement tant de variétés, sont les tubercules des espèces chiliennes, telles que les *O. crenata*, *tuberosa*, *carnosa* [4], etc. Dans beaucoup d'autres espèces, on mange les feuilles, acides comme celles de l'Oseille, cuites ou en salade; chez nous, celles des *O. Acetosella* [5] (fig. 58-63), *corniculata*; au Cap, celles des *O. compressa*, *caprina*, *zonata;* en Amérique, celles des *O. frutescens*, *Barrelieri*, *enneaphylla*, etc. Quand l'acidité des feuilles est extrême, elle rend ces plantes propres au traitement des fièvres, des affections scorbutiques: c'est ainsi qu'on emploie au Mexique celles de l'*O. cordata*, au Pérou celles de l'*O. dodecandra*, au Brésil celles de l'*O. fulva*. Elles renferment, dans ce cas, plus ou moins d'acide oxalique; et l'on extrayait autrefois, on extrait même encore, en Suisse et en Allemagne, du sel d'oseille des *O. Acetosella*, *corniculata*, etc. [6]. L'*O. sensitiva* [7] (fig. 67) passe dans l'Inde pour guérir l'asthme, la phthisie, les morsures des scorpions : c'est une des plantes dont la crédulité populaire, surexcitée par les mouvements singuliers et l'irritabilité de ses feuilles, a fait une

Bot. Mag., t. 1641. — *P. millefoliatum* SWEET, *Geran.*, t. 220. — *P. multiradiatum* ECKL. et ZEYH. — *P. daucifolium* ECKL. et ZEYH. — *P. papaverifolium* ECKL. et ZEYH. — *Geranium triste* CAV., *Diss.*, t. 107. Ses tiges renflées sont aussi comestibles.

1. W., *Enum.*, 716. — BENTH., *Fl. austral.*, I, 296. Var. (?) du *G. dissectum* L. (*Native Carrot* à Van-Diemen).

2. AIT., *Hort. kew.*, II, 427. — CAV., *Diss.*, t. 100, fig. 1. — *Bot. Mag.*, t. 20. — *P. scutatum* DC. (*Geranium-Lierre*).

3. AIT., *Hort. kew.*, II, 430. — HARV. et SOND., *Fl. cap.*, I, 298. Au Cap, les tiges desséchées, résineuses, balsamiques, du *Monsonia Burmanni* (DC., *Prodr.*, I, 638; — ENDL., *Enchirid.*, 621; — *Sarcocaulon Burmanni* HARV. et SOND., *Fl. cap.*, I, 256; — *Geranium spinosum* CAV., *Diss.*, t. 75, fig. 2), servent fréquemment à faire des torches.

4. Voy. ENDL., *Enchirid.*, 625. — GUIB., *op. cit.*, III, 568. — ROSENTH., *op. cit.*, 896.

5. L., *Spec.*, 620. — JACQ., *Oxal.*, n. 91, t. 80, fig. 1. — DC., *Prodr.*, I, 700, n. 123. — GREN. et GODR., *Fl. de Fr.*, I, 325. — GUIB., *op. cit.*, III, 567, fig. 731. — LINDL., *Fl. med.*, 222. — HÉV., *Fl. méd. du XIXe siècle*, III, 366, t. 41. — CAZ., *Tr. des plant. méd. ind.*, éd. 3, 50. (*Surette*, *Surelle*, *Alleluia*, *Herbe de Pâques*, *Herbe de bœuf*, *Pain de coucou*, *Trèfle aigre*, *Oseille à trois feuilles*.)

6. Plusieurs autres *Oxalis* en fournissent également : au Cap, les *O. compressa* et *caprina*; aux Antilles, l'*O. Plumieri*; au Chili, l'*O. tuberosa*, etc.

7. L., *Spec.*, 622. — JACQ., *Oxal. Mon.*, n. 21, t. 78, fig. 4. — RUMPH., *Herb. amboin.*, V, t. 104, fig. 2. — RHEEDE, *Hort. malabar.*, 9, t. 19. — *Biophytum sensitivum* DC., *Prodr.*, I, 690.

sorte de fétiche. Les *Oxalis* peuvent aussi contenir des matières colorantes : tels sont, en Amérique, les *O. rosea* et *racemosa*. En Abyssinie, le *Tschokko* ou *Mitchamitcho* passe pour un assez bon ténifuge ; de là son nom d'*O. anthelminthica*[1]. Les Caramboliers[2] ont les propriétés générales des Surelles, dont ils sont si voisins par leur organisation ; mais on emploie surtout leurs fruits charnus, riches en suc acide. Ils servent à enlever les taches d'encre et de rouille sur le linge, à nettoyer les métaux ; on les mange crus ou confits au sucre, au vinaigre ; ils servent de condiments, entrent dans la préparation des mets dits *achars*, et se prescrivent comme rafraîchissants dans les fièvres, comme antiscorbutiques. Ces dernières propriétés se retrouvent dans les Capucines, principalement dans les *Tropæolum majus*[3] (fig. 31-37), *minus*[4], *pentaphyllum*[5] (fig. 38, 39), etc., dont le goût piquant et la composition chimique font des plantes antiscorbutiques analogues aux Crucifères[6] ; d'où les noms de *Cresson d'Inde*, *du Mexique*, etc., que l'on a donnés à ces plantes. Chez nous, on recherche surtout comme condiments les fleurs des Capucines, qui se mangent en salade, et leurs boutons et fruits verts, confits dans le vinaigre[7]. Les *Flœrkea* ont, quoique à un moindre degré, la même saveur et les mêmes propriétés. Il en est à peu près de même dans les Balsamines. Leurs organes, charnus et riches en eau, renferment des traces de matières âcres, amères. L'*Impatiens Noli-tangere*[8] (fig. 49) était vanté jadis comme diurétique et antihémorrhoïdal ; on l'employait topiquement contre les douleurs articulaires, et l'on en préparait une eau distillée qui passait pour guérir le diabète : on n'y croit guère aujourd'hui. Plusieurs Balsamines sont des plantes tinctoriales[9]. L'une

1. A. RICH., *Fl. abyss. Tent.*, I, 124. — ROSENTH., *op. cit.*, 897.

2. C'est-à-dire les *Averrhoa Carambola* et *Bilimbi* (voy. p. 26, notes 6, 7).

3. L., *Spec.*, 490. — CURT., in *Bot. Mag.*, t. 23. — TURP., in *Dict. sc. nat.*, Atl., t. 133. — DC., *Prodr.*, I, 683, n. 2. — GUIB., *op. cit.*, III, 571. — RÉV., in *Bot. méd. du XIX*[e] *siècle*, I, 257. — *Cardamindum ampliori folio et majori flore* T., *Inst.*, 430. — *Viola indica scandens Nasturtii sapore* Hort. lugd.-bat., ex T. (*Fleur de sang*, *grand Cresson d'Inde*, *C. d'Amérique*.)

4. L., *Spec.*, 490. — SCHKUHR, *Handb.*, t. 105. — CURT., in *Bot. Mag.*, t. 98. — *Cardamindum minus et vulgare* T., *loc. cit.* (*Petit Cresson d'Inde*.)

5. LAMK, *Dict.*, I, 605 ; *Ill.*, t. 277. — DC., *Prodr.*, n. 11. — *Chymocarpus pentaphyllus* DON, in *Trans. Linn. Soc.*, XVII, 13, 145. — A. S. H., *Pl. us. Bras.*, t. 41. — ? *Magallana porrifolia* CAV., *Icon.*, IV, 51, t. 374. — DC., *Prodr.*, I, 684.

6. Elles produisent de même une huile essentielle sulfurée (CLOEZ) et dont les propriétés sont identiques ; on y a constaté la présence d'acide phosphorique libre (BRACONNOT) ; et c'est à cela qu'on a attribué la production des éclairs dégagés de leurs fleurs pendant les nuits chaudes et observés jadis par la fille de LINNÉ.

7. Le suc de ces plantes teint en jaune. Les tubercules ou tiges souterraines du *T. tuberosum* sont comestibles à la façon des *Oca*.

8. L., *Spec.*, 1328. — SCHKUHR, *Handb.*, t. 270. — GREN. et GODR., *Fl. de Fr.*, I, 325. — GUIB., *op. cit.*, III, 571. — ROSENTH., *op. cit.*, 897 (*Herbe de Sainte-Catherine*).

9. Notamment les *I. fulva* NUTT. et *tinctoria* A. RICH., *Fl. abyss. Tent.*, I, 120 (*Ensessella*, *Gourelile* des Abyss.). Les Tartares se colorent, dit-on, les yeux et les ongles avec le suc de plusieurs Balsamines et de l'alun.

d'elles, l'*I. cornuta* [1], passe au Japon pour faire croître les cheveux. La plus connue est cette belle plante d'ornement, originaire de l'Inde, dont nos jardins possèdent tant de riches variétés, l'*I. Balsamina* [2] (fig. 40-48). D'ailleurs, la famille qui nous occupe est une de celles auxquelles nos cultures doivent le plus d'espèces ornementales : il suffit de rappeler les beaux *Geranium* et *Erodium* de nos parterres ; les innombrables espèces ou variétés de *Pelargonium* de nos serres et de nos plates-bandes; les magnifiques *Monsonia*, dont la culture est devenue si rare actuellement dans notre pays ; les Capucines, presque toutes grimpantes, qu'on sème généralement comme plantes annuelles; les *Oxalis* aux jolies fleurs, jaunes, blanches, roses ou rouges, parfois bicolores, et quelques *Flœrkea*, notamment le *F.* (*Limnanthes*) *Douglasii* (fig. 50-54), assez fréquemment planté dans nos jardins.

1. L., *Spec.*, 1328. — *Balsamina cornuta* DC., *Prodr.*, I, 686, n. 3. — BURM., *Zeyl.*, 41, t. 16, fig. 1. — LOUR., *Fl. cochinch.*, ed. ulyssip. (1790), 626.

2. L., *Spec.*, 1318. — BLACKW., *Herb.*, t. 583. — *Balsamina hortensis* DESP., in *Dict. sc. nat.*, III, 485. — DC., *Prodr.*, I, 685. (*Herbe impatiente, Jalousie, Merveille.*)

GENERA

I. BIEBERSTEINIEÆ.

1. **Bieberstein** Steph. — Flores regulares hermaphroditi; receptaculo convexo. Sepala 5, imbricata, persistentia petalaque totidem alterna, imbricata v. nunc torta. Stamina 10, hypogyna, 2-seriata; filamentis ima basi 1-adelphis, mox liberis; antheris introrsis, 2-rimosis, versatilibus. Glandulæ 5, alternipetalæ, extus sub staminibus insertæ. Carpella 5, oppositipetala; germinibus liberis, 1-locularibus; stylis 5, ad medium anguli interni germinum insertis, mox inter se cohærentibus in columnam gracilem, apice capitellato stigmatosam; ovulo in germinum singulorum angulo interno 1, descendente, incomplete anatropo; micropyle extrorsum supera. Carpella matura 5, libera, calyce inclusa, mox ab axi secedentia, sicca rugosa venosa indurato-crustacea, indehiscentia. Semen incurvum; albumine tenui carnoso; embryonis arcuati radicula conica supera; cotyledonibus planis v. corrugatis crassiusculis. — Herbæ perennes; caule nunc brevissimo, sub terra tuberoso; foliis alternis, plerumque, uti planta fere tota, glanduloso-pilosis v. villosis, pinnatim dissectis v. compositis stipulatis; floribus in racemos axillares pedunculatos dispositis; pedicellis 2-bracteolatis. (*Græcia, Asia occ. et centr.*) — *Vid. p.* 1.

II. GERANIEÆ.

2. **Geranium** L. — Flores regulares hermaphroditi; receptaculo onvexo. Sepala 5, imbricata. Petala totidem, alterna, imbricata . torta. Glandulæ 5, alternipetalæ. Stamina 10, 2-seriata fertilia hypo-

gyna; filamentis liberis v. ima basi connatis; antheris introrsis, 2-rimosis. Germen liberum, 5-loculare; apice rostrato et in stylum abeunte; styli ramis 5, ad apicem longitudinaliter stigmatosis; loculis 5, oppositipetalis, 2-ovulatis; ovulis collateralibus v. sæpius plus minus superpositis descendentibus; micropyle extrorsum supera; altero nunc demum plus minus adscendente. Fructus capsularis; loculis 5, sæpius 1-spermis a columella axili septifrage solutis dehiscentibusque, cum styli parte a basi ad apicem elastice revolutis. Semina sæpius descendentia; albumine parco v. 0; embryonis (nunc colorati) radicula cotyledonibus induplicato-plicatis v. convolutis incumbente. — Herbæ, nunc basi suffrutescentes v. cæspitoso-subacaules; ramis articulato-nodosis; foliis alternis v. oppositis, dentatis v. palmatim rariusve digitatim lobatis v. dissectis; petiolis basi incrassatis, 2-stipulatis; floribus summo pedunculo axillari v. laterali solitariis v. sæpius in cymas (raro multifloras) 1-laterales, nunc umbelliformes, dispositis. (*Orb. tot. reg. temp. et trop. mont.*) — *Vid. p.* 3.

3. **Erodium** LHÉR. — Flores (*Geranii*) regulares v. vix irregulares; staminibus 5 alternipetalis antheriferis; oppositipetalis sterilibus anantheris, nunc squamiformibus. Germen fructusque *Geranii*; carpellorum caudis intus sæpius barbatis v. villosis. — Herbæ v. suffrutices; foliis, inflorescentiis cæterisque *Geranii*. (*Orbis vet. hemisph. bor. reg. temp., Africa austr., Australia.*) — *Vid. p.* 6.

4. **Monsonia** L. — Flores fere *Geranii*; petalis integris (*Holopetalum*) v. dentatis (*Odontopetalum*). Stamina 15, quorum alternipetala 5, majora, et 10 per paria oppositipetala, in phalanges 5, alternipetalas plus minus alte connata, 5-adelpha et ima basi plerumque 1-adelpha. Cætera *Geranii*. — Herbæ v. suffrutices; caulibus nunc carnosis v. succulentis; petiolis spinescentibus (*Sarcocaulon*); foliis alternis v. oppositis, crenatis dentatisve (*Holopetalum*), nunc lobatis multifidisve (*Odontopetalum*); stipulis 2, lateralibus; inflorescentia *Geranii*. (*Africa austr., bor.-or., Asia trop. occ.*) — *Vid. p.* 6.

5. **Pelargonium** LHÉR. — Flores irregulares; sepalis 5, imbricatis; postico in formam calcaris pedicello adnati inserto. Petala 5, imbricata; anteriora 3 in alabastro posterioribus dissimilibus interiora, nunc minima v. omnino abortientia; antico lateralibus interiore, regulari. Stamina 10; filamentis eglandulosis basi connatis, quorum 5 alterni-

petala sæpius antherifera, rarius anteriora 1, 2 ananthera; oppositipetalis 5, aut sterilibus anantheris, aut sæpius posterioribus 2 fertilibus. Gynæceum fructusque et semina *Geranii* (v. *Erodii*). — Herbæ, suffrutices v. frutices, glabri v. pubescentes, sæpe viscosi, odorati, aromatici, nunc carnosi v. succulenti; foliis oppositis v. alternis, integris, dentatis, lobatis v. varie dissectis; stipulis lateralibus; floribus summo pedunculo cymosis; cymis nunc umbelliformibus, sæpius 1-paris, rarius pauci- v. 1-floris. (*Africa austr.*, *bor. or.*, *Oriens*, *Australia*, *N.-Zelandia.*) — *Vid. p. 7.*

III. NEURADEÆ.

6. **Neurada** L. — Flores regulares; receptaculo concavo cupulari. Sepala 5, petalaque totidem parva, imbricata, margini receptaculi inserta. Stamina 10, 2-seriata, cum perianthio fauci receptaculi perigyne inserta; filamentis liberis brevibus, basi dilatatis; antheris introrsis, 2-rimosis. Carpella sæpius 10 (v.5-9), intus receptaculo adfixa; germinibus sessilibus v. foveolis insertis, subhorizontaliter patentibus; stylis erectis e basi lata subulatis, mox inter se cohærentibus, apice capitellato stigmatosis; ovulo in germinibus solitario descendente (quoad florem subhorizontali); micropyle extrorsum supera. Fructus carpella 10, v. pauciora sicca, superne demum hiantia, 1-sperma, receptaculo persistente aucto sicco depresse conico extusque valde echinato induviata ejusque cavitati inserta, stylis spinescentibus superata. Semen curvum; embryonis exalbuminosi cotyledonibus lineari-oblongis planiusculis, basi auriculatis; radicula brevi decurva axi receptaculi proxima; plantula intra fructum induviemque germinante. — Herba annua lanata ramosa; ramis demum lignosis decumbentibus; foliis alternis lobatis petiolatis; stipulis (?) lateralibus minutis 1, 2; floribus axillaribus solitariis pedunculatis, calyculo e bracteis 5, cum calyce alternantibus, basi cinctis. (*Africa bor.*, *Asia austro-occ.*) — *Vid. p. 9.*

7. **Grielum** L. — Flores (fere *Neuradæ*) ecalyculati. Petala 5 (*Geranii* v. *Monsoniæ*) ampla, torta. Stamina 10, perigyna. Carpella 5-10 fructusque *Neuradæ*. — Herbæ annuæ humiles canescentes diffusæ ramosæ; ramis decumbentibus; foliis alternis petiolatis pinnatim lobatis vel. decompositis; laciniis linearibus; stipulis parvis v. 0; floribus axillaribus

solitariis longe pedunculatis. Cætera *Neuradæ*. (*Africa austr.*) — *Vid. p.* 10.

IV. BALBISIEÆ.

8. **Balbisia** Cav. — Flores hermaphroditi regulares; receptaculo convexo. Sepala 5, imbricata, persistentia. Petala totidem alterna, torta. Glandulæ 0. Stamina 10, hypogyna, 2-seriata libera; antheris ad margines v. subextrorsum rimosis. Germen superum; loculis 5, alternipetalis; stylo mox in lacinias 5, lingulatas, intus et margine stigmatosas partito; ovulis angulo interno loculorum insertis ∞, anatropis. Capsula septicida et apice loculicida; valvis 5, mediantibus septis ad axin infra persistentibus; seminibus ∞, angulatis; albumine tenui carnoso; embryonis plicati radicula inter cotyledones corrugatas incumbente v. inclusa. — Suffrutex plus minus canescens; foliis alternis oppositisque exstipulatis, sæpius 3-partitis; floribus terminalibus solitariis pedunculatis; bracteis ∞, linearibus in calyculum sub calyce insertis. (*Peruvia et Chili sublitt.*) — *Vid. p.* 11.

9. **Wendtia** Meyen. — Flores fere *Balbisiæ*, 10-andri; germine 3-loculari (v. rarius 4-loculari) stylique ramis totidem lingulatis. Ovula in loculis 2, collateraliter descendentia; micropyle extrorsum supera. Capsula apice loculicide 3-valvis. — Fruticulus ramosus; foliis oppositis parvis, 3-5-lobatis v. dissectis; floribus terminalibus pedunculatis, solitariis v. cymosis paucis; bracteis linearibus sub calyce in calyculum insertis. (*Peruvia austr., Chili.*) — *Vid. p.* 12.

10. **Rhynchotheca** R. et Pav. — Flores (fere *Wendtiæ*) apetali; germinis loculis 5, oppositisepalis; stylo breviter 5-lobo; lobis stigmatosis crasse lingulatis; ovulis in loculis 2, descendentibus; micropyle extrorsum supera. Fructus capsularis; lobis a columella septifrage solutis, haud revolutis. Semina in loculis sæpius solitaria parce albuminosa: embryonis recti cotyledonibus planis. — Fruticulus ramosissimus, nunc spinescens; foliis oppositis parvis, integris v. 3-lobis; floribus terminalibus pedicellatis subumbellatis ecalyculatis. (*America austr. andin.*) — *Vid. p.* 13.

11. **Viviania** Cav. — Flores fere *Wendtiæ* (v. *Balbisiæ*), 4, 5-meri; sepalis liberis v. basi connatis, valvatis. Petala torta. Glandulæ 4, 5, al-

ternipetalæ, integræ v. 2-fidæ. Stamina 8-10, 2-seriata, fertilia omnia. Germen 2, 3-loculare; ovulis in loculis 2, descendentibus obliquisve (nunc adscendentibus); micropyle sæpius extrorsum supera. Capsula 2, 3-mera, loculicida; valvis mediante septo in columella persistentibus. Semina in singulis 1, 2, descendentia v. rarius adscendentia; albumine carnoso; embryone lineari curvo v. circinato. — Fruticuli v. herbæ, diffusi v. ramosissimi; foliis oppositis, integris v. crenatis dentatisve exstipulatis; floribus in axillis summis v. apice ramulorum composito-cymosis; inflorescentia nunc umbelliformi v. corymbiformi. (*America austr. subtrop. v. extratrop.*) — *Vid. p.* 13.

V. TROPÆOLEÆ.

12. **Tropæolum** L. — Flores hermaphroditi irregulares; receptaculo cupulari, postice in calcar liberum forma varium, intus nectariferum, plus minus longe producto. Sepala 5, margini inserta (sæpe colorata), imbricata v. subvalvata. Petala 5, v. abortu pauciora (anterioribus deficientibus v. minimis) inæqualia (forma coloreque dissimilia), imbricata. Stamina 8, 2-seriata; alternipetala 4 (postico deficiente) et oppositipetala 4, breviora (antico deficiente); filamentis liberis; antheris 2-locularibus, lateraliter v. introrsum rimosis. Germen liberum; loculis 3 (anterioribus 2), alternipetalis; stylo apicali v. summo germini depresso inserto, apice in ramos 3, æquales v. inæquales, intus stigmatosos, diviso. Ovula in loculis solitaria descendentia; micropyle extrorsum supera. Fructus carpella 3, demum sicca v. plus minus indurato-carnosa v. subdrupacea, a columella brevi secedentia, rugosa, indehiscentia; seminis descendentis embryone exalbuminoso; cotyledonibus crassis plano-convexis; radicula brevi supera. — Herbæ volubiles v. nunc diffusæ; foliis alternis, peltatis v. palmatim angulatis, lobatis v. dissectis; stipulis 0, v. rarius minutis, setiformibus v. dissectis; floribus axillaribus solitariis pedunculatis. (*America austr.*) — *Vid. p.* 14.

VI. BALSAMINEÆ.

13. **Impatiens** L. — Flores hermaphroditi irregulares; receptaculo parvo convexo. Sepala 5 (anticis 2 minutis sæpius omnino in flore adulto deficientibus); postico maximo, basi in calcar cavum

producto; præfloratione imbricata. Petala 5, imbricata; posticis 4, plus minus alte per paria lateraliter connatis; antico autem concavo, in præfloratione extimo. Stamina 5, alternipetala; filamentis brevibus complanatis, subliberis v. plus minus alte connatis; antheris 2-locularibus, conniventibus v. cohærentibus, introrsum dehiscentibus. Germen liberum, 5-loculare, apice in stylum brevissimum v. subnullum, stigmatoso-5-dentatum v. 5-fidum, productum; ovulis in loculo oppositipetalo ∞, anatropis, sæpius descendentibus; micropyle supera, summo funiculo incrassato plus minus obturata. Capsula forma varia, loculicida; valvis 5 (v. abortu paucioribus), elastice dissilientibus; columella persistente v. cum valvis decidua evanidave; pericarpio nunc (*Hydrocera*) plus minus carnoso, indehiscente. Semina ∞; embryonis exalbuminosi cotyledonibus crassis plano-convexis; radicula brevi supera. — Herbæ, nunc basi suffrutescentes; foliis alternis v. oppositis simplicibus; petiolo sæpe basi glandulifero; floribus axillaribus, solitariis v. cymosis, nunc in racemos terminales cymiferos dispositis; pedicellis sæpe nutantibus floribusque inde sub anthesi inversis. (*Europa bor. et temp., Asia trop. et temp., America bor., Africa cont. et ins.*) — *Vid. p.* 17.

VII. FLŒRKEEÆ.

14. **Flœrkea** W. — Flores regulares; receptaculo apice subplano. Sepala 3 (*Euflœrkea*), v. 5 (*Limnanthes*), valvata. Petala totidem alterna, torta. Stamina petalorum 2-plo pluria, 2-seriata, subperigyna; filamentis liberis; alternipetalis longioribus, basi extus in glandulam brevem incrassatis; antheris 2-locularibus, introrsum rimosis, demum versatilibus. Germina sepalis opposita et numero æqualia libera, 1-locularia; stylis totidem gynobasicis, mox connatis in columnam apice in ramos breves stigmatiferos divisam; ovulo in germinibus singulis 1, anatropo adscendente subbasilari; micropyle extrorsum infera. Fructus carpella 3-5, subdrupacea, demum sicca indurata indehiscentia rugosa, a columella brevisissima secedentia, 1-sperma; seminis exalbuminosi embryone crasso carnoso; cotyledonibus plano-convexis; radicula brevi infera, basi cordata cotyledonum inclusa. — Herbæ annuæ diffusæ glabræ; foliis alternis dissectis exstipulatis; floribus axillaribus solitariis pedunculatis. (*America bor.-occ.*) — *Vid. p.* 20.

VIII. OXALIDEÆ.

15. **Oxalis** L. — Flores regulares (nunc 2-morphi); receptaculo convexo. Sepala 5, imbricata; exteriora sæpe maculis 2-∞ glandulosis notata. Petala totidem (nunc parva v. 0) alterna torta, decidua, sæpe margine cohærentia et leviter insymmetrica. Stamina 10, 2-seriata; filamentis liberis v. basi coalitis; alternipetalis longioribus et squamula forma varia basi extus stipatis; antheris introrsis, 2-locularibus, sæpe versatilibus, 2-rimosis. Germen superum; loculis 5, oppositipetalis; stylis totidem; apice stigmatoso varie incrassato, capitato, 2-fido v. laciniato recurvo. Ovula in loculis 2-∞, 2-seriata, descendentia; micropyle extrorsum supera, nunc processu parvo placentario obturata. Fructus capsularis loculicidus; valvis mediante septo ad columellam persistentibus, v. raro solutis patentibusque (*Biophytum*). Seminum integumentum exterius carnosulum, elastice desiliens et a testa crustacea solutum; albumine carnoso; embryonis recti cotyledonibus inferioribus foliaceis. — Frutices parvi v. plerumque herbæ; caule sæpius subterraneo, nunc bulboso v. tuberculoso carnoso, forma valde vario; foliis radicalibus v. caulinis alternis exstipulaceis; petiolo nunc phyllodineo; limbo pinnatim v. sæpius digitatim 3-∞-foliolato, rarius 1-foliolato, nunc 0; floribus solitariis v. summo pedunculo in cymas, sæpe 1-paras, umbelliformes, dispositis. (*Orb. tot. reg. temp. et rar. trop.*)— *Vid. p.* 22.

16. **Hypseocharis** Remy [1]. — Flores (fere *Oxalidis*) 5-meri; staminibus 15, in phalanges 3 plus minus demum dispositis. Glandulæ ∞, inæquales minutæ androcæo exteriores. Cætera *Oxalidis*. — Herba perennans; caudice brevi nunc subterraneo; foliis alternis pinnatim ∞-foliolatis v. profunde sectis; foliolis integris v. 3-lobis; inflorescentia (*Oxalidis*) cymosa pauciflora umbelliformi, pedunculata. (*Bolivia andin.*) — *Vid. p.* 26.

17. **Averrhoa** L. — Flores *Oxalidis*, 5-meri eglandulosi; staminibus 10, fertilibus omnibus, v. oppositipetalis anantheris. Ovula ∞. Fructus baccatus oblongus, 5-gonus, indehiscens. Cætera *Oxalidis*. — Arbores v. frutices; foliis alternis exstipulaceis, imparipinnatis v. 1-3-foliolatis (*Connaropsis*); floribus in cymas compositas breves axillares, terminales v. e ligno ramorum ortas, dispositis. (*Asia trop.*) — *Vid. p.* 26.

XXXVII
LINACÉES

I. SÉRIE DES LINS.

Les Lins[1] (fig. 69-76) ont des fleurs régulières, hermaphrodites, et

Linum usitatissimum.

Fig. 69. Port ($\frac{2}{3}$).

1. *Linum* DILLEN., ex L., *Gen.*, n. 389. — ADANS., *Fam. des pl.*, II, 269. — J., *Gen.*, 303. — GÆRTN., *Fruct.*, II, 146, t. 112. — LAMK, *Dict.*, III, 518; Suppl., III, 441; *Ill.*, t. 219.

à réceptacle convexe. Leur calice est à cinq sépales, libres, disposés dans le bouton en préfloraison quinconciale, et leur corolle est formée de cinq pétales alternes, avec les sépales, tordus dans le bouton, et tombant de très-bonne heure. Les étamines sont au nombre de dix, toutes unies

Linum usitatissimum.

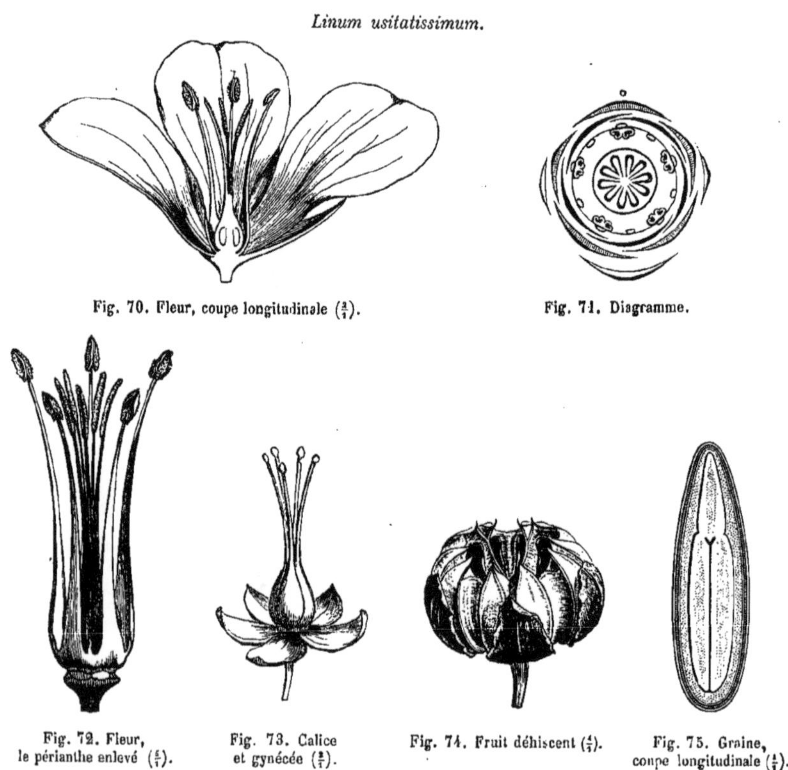

Fig. 70. Fleur, coupe longitudinale ($\frac{3}{1}$).

Fig. 71. Diagramme.

Fig. 72. Fleur, le périanthe enlevé ($\frac{5}{1}$).

Fig. 73. Calice et gynécée ($\frac{2}{1}$).

Fig. 74. Fruit déhiscent ($\frac{4}{1}$).

Fig. 75. Graine, coupe longitudinale ($\frac{4}{1}$).

entre elles à la base ; mais cinq d'entre elles, celles qui sont superposées aux sépales, sont seules fertiles et formées d'un filet dilaté inférieurement et d'une anthère introrse, biloculaire, déhiscente par deux fentes longitudinales[1]. Les cinq autres étamines sont dépourvues d'anthère et réduites à de courts filets superposés aux pétales. En dehors de l'an-

— DC., *Prodr.*, I, 423. — TURP., in *Dict. sc. nat.*, Atl., t. 135.— SPACH, *Suit. à Buffon*, III, 272. — ENDL., *Gen.*, n. 6056. — PAYER, *Organog.*, 65, t. 13. — B. H., *Gen.*, 242, n. 2. — H. BN, in *Payer Fam. nat.*, 395. — SCHNIZL., *Iconogr.*, t. 255. — LEM. et DCNE, *Tr. gén.*, 356 (incl. : *Adenolinum* REICHB., *Cathartolinum* REICHB., *Cliococca* BAB., *Linopsis* REICHB., *Radiola* GMEL., *Reinwardtia* DUMORT., *Xantholinum* REICHB.).

1. Le pollen est, d'après H. MOHL (in *Ann. sc. nat.*, sér. 2, III, 335), « ovoïde ; trois plis ; dans l'eau, ellipsoïde-aplati avec trois bandes. *L. austriacum*, *L. flavum*. »

drocée se voient cinq glandes alternipétales[1]. Le gynécée se compose d'un ovaire libre et supère, que surmonte un style bientôt partagé en cinq branches superposées aux pétales, à sommet linéaire, allongé ou capité, chargé de papilles stigmatiques. L'ovaire comporte un même nombre de loges oppositipétales, dont l'angle interne présente un placenta qui supporte deux ovules collatéraux, descendants, anatropes, à micropyle extérieur et supérieur[2], coiffé d'un obturateur né du placenta au-dessus de chaque ovule. Mais, de la paroi extérieure de chaque loge, il se produit sur la ligne médiane une fausse-cloison qui s'avance plus ou moins dans l'intervalle des deux ovules collatéraux, peut arriver même jusqu'au placenta, et isole chaque ovule dans un compartiment qui représente une demi-loge. Le fruit, accompagné ordinairement du calice persistant, est une capsule septicide qui se partage en cinq pièces dispermes ou même en dix pièces monospermes, quand la fausse-cloison se dédouble à la maturité. Les graines renferment, sous leur triple tégument[3], un albumen charnu, souvent peu épais, qui entoure un albumen charnu et droit, à radicule supère. Les Lins sont des herbes annuelles ou vivaces, ou des plantes suffrutescentes, à feuilles simples, entières, alternes ou rarement opposées, parfois accompagnées de deux petites stipules glanduliformes. Leurs fleurs[4] sont réunies en cymes, terminales ou axillaires, tantôt bipares et plus ou moins régulières dans leur portion inférieure, tantôt unipares et simulant des grappes plus ou moins contractées ou allongées. On en décrit quatre-vingts espèces environ[5], originaires pour la plupart des régions tempérées ou chaudes, mais

Linum perenne.

Fig. 76. Inflorescence.

1. Souvent fort peu prononcées.
2. A double tégument.
3. On y distingue trois couches principales : une membrane intérieure, mince, brunâtre, assez résistante, entourant l'albumen; plus en dehors, une lame également brune, plus pâle, plus résistante que la précédente, dont elle se sépare assez facilement; et extérieurement, une couche blanche, remarquable surtout par la façon dont elle se comporte au contact de l'eau pour former le mucilage. A peine est-elle touchée par le liquide qu'elle s'épaissit rapidement; toutes ses cellules, sans se quitter, s'élèvent parallèlement; leurs cloisons communes montent, sans se quitter, en un clin d'œil. Plus tard, l'action du liquide amène l'épaississement, le ramollissement, même l'inégale déchirure des parois, etc.
4. Blanches, jaunes, roses, rouges ou bleues. Elles sont assez souvent dimorphes, avec deux formes, l'une longistyle et l'autre brévistyle, bien plus fertiles, dit-on, quand elles se fécondent mutuellement que quand elles le sont par elles-mêmes, et sur lesquelles l'attention a été appelée pour la première fois par M. DARWIN, dans son travail : « *On the existence of two forms and on their reciprocal sexual relation in several species of the genus* Linum » (in *Journ. Linn. Soc.*, VII, 69).
5. SM., *Brit. Fl.*, I, 342; *Exot.*, 17. —

extratropicales, de toutes les parties du monde; quelques-unes appartiennent à la portion intertropicale de l'Amérique du Sud [1].

Le *L. trigynum* [2], plante de l'Inde orientale, et avec lui deux espèces voisines, ont servi à former le petit genre *Reinwardtia* [3], dont l'autonomie est contestable, et qui ne se distinguerait que par ses glandes hypogynes souvent inégales et ses carpelles, au nombre de trois ou quatre, au lieu de cinq comme dans les Lins. Ce sont des arbustes ou des sous-arbrisseaux, à feuilles alternes et à fleurs axillaires, solitaires ou en cymes, plus rarement réunies en cymes terminales corymbiformes; nous en ferons seulement une section du genre Lin.

Dans le *Linum catharticum* [4], les feuilles sont opposées, et les cymes plus régulières que dans la plupart des autres espèces; on en avait fait un genre *Cathartolinum* [5], qui n'a pas été maintenu comme distinct.

Dans le *L. Radiola* [6], très-petite espèce annuelle de notre pays, distinguée aussi comme genre, sous le nom de *Radiola* [7], les organes de la végétation sont disposés de même, mais les fleurs sont tétramères et les sépales sont le plus souvent tridentés; caractères auxquels nous n'accorderons pas non plus une valeur générique.

Les *Anisadenia* [8], herbes vivaces de l'Himalaya, ont à peu près les fleurs [9], à gynécée trimère et à glandes inégales, des *Reinwardtia*. Souvent une des glandes est beaucoup plus développée que toutes les autres. Le fruit est, dit-on, membraneux; les sépales sont dissemblables, les deux intérieurs demeurant glabres, tandis que les extérieurs sont

JACQ., *Fl. austr.*, t. 31, 215, 321, 418. — REICHB., *Ic. Fl. germ.*, VI, t. 325-341. — WALDST. et KIT., *Pl. rar. hung.*, t. 105, 177. — SIBTH., *Fl. græc.*, t. 307. — A. S. H., *Fl. Bras. mer.*, I, 129, t. 26. — C. GAY, *Fl. chil.*, I, 461. — A. GRAY, *Man.*, ed. 5, 104. — CHAPM., *Fl. S. Unit. St.*, 62. — HOOK. F., *Man. N.-Zeal. Fl.*, 34. — BENTH., *Fl. austral.*, I, 282. — HARV. et SOND., *Fl. cap.*, I, 309. — OLIV., *Fl. trop. Afr.*, I, 269. — WIGHT, *Ill.*, t. 60.—BOISS., *Fl. or.*, I, 848. — GREN. et GODR., *Fl. de Fr.*, I, 279-285. — LINDL., in *Bot. Reg.*, t. 1326. — *Bot. Mag.*, t. 234, 312, 403, 431, 1048, 1086, 1100, 1163, 4956, 5112, 5474, etc. — WALP., *Ann.*, II, 113; IV, 295; VII, 459.

1. M. PLANCHON, qui a fait une révision totale de ce genre en 1847-48 (in *Hook. Lond. Journ.*, VI, 588; VII, 165), divise les Lins en quatre sous-genres, nommés : I. *Eulinum*, II. *Cliococca*, III. *Linastrum*, IV. *Syllinum*; puis il admet des sections dans ces sous-genres, sauf dans le deuxième, qui demeure indivis, savoir : pour le premier, *Protolinum* et *Adenolinum*; pour le troisième, *Dichrolinum*, *Cathartolinum*, *Linopsis* et *Halolinum*; pour le quatrième, *Limoniopsis* et *Dasylinum*. En prenant ces sous-genres comme sections, nous leur en adjoignons deux autres : *Radiola* et *Reinwardtia*.

2. ROXB., *Fl. ind.*, II, 110. — SIMS, in *Bot. Mag.*, t. 1100 — SM., *Exot.*, t. 17.

3. DUMORT., *Comm. bot.*, 19.—PL., in *Hook. Lond. Journ.*, VII, 522. — B. H., *Gen.*, 243, n. 3. — H. BN, in *Adansonia*, X, 361. — WALP., *Ann.*, II, 135. — *Macrolinum* REICHB., *Ic. Fl. germ.*, VI, 68. — *Kittelocharis* ALEF., in *Bot. Zeit.* (1863), 282.

4. L., *Spec.*, 401. — SCHKUHR, *Handb.*, I, t. 87. — DC., *Prodr.*, I, 428, n. 46.

5. REICHB., *Ic. Fl. germ.*, VI, 67. — GRISEB., *Spicil. Fl. rum.*, 115.

6. L., *Spec.*, 402.

7. DILL., *Giess.*, 161; *Gen. App.*, 127, t. 7. — GMEL., *Syst.*, I, 289. — DC., *Prodr.*, I, 428. — ENDL., *Gen.*, n. 6057. — B. H., *Gen.*, 242, n. 1.

8. WALL., *Cat.*, n. 1510. — ENDL., *Gen.*, n. 5053 [1]. — B. H., *Gen.*, 243, n. 4. — H. BN, in *Adansonia*, X, 361.

9. Blanches ou rosées.

chargés en dehors d'une ou deux séries de glandes stipitées [1], et les fleurs sont réunies en grappes ou en épis terminaux, allongés, simples ou formés de cymes pauciflores. On en distingue deux espèces [2], dont les feuilles membraneuses sont alternes, penninerves, dentées en scie, accompagnées de stipules intrapétiolaires.

II. SÉRIE DES HUGONIA.

Les fleurs des *Hugonia* [3] (fig. 77–79) sont très-analogues à celles des Lins par leur organisation générale. Elles ont, sur un réceptacle con-

Hugonia serrata.

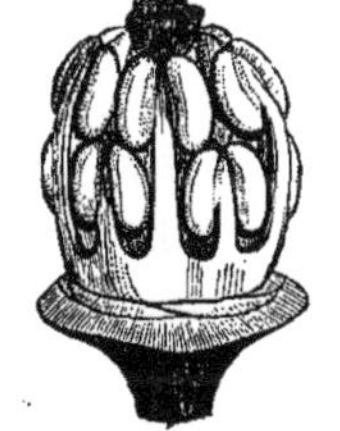

Fig. 78. Bouton, le calice enlevé ($\frac{5}{1}$).

Fig. 77. Rameau florifère.

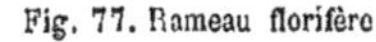

Fig. 79. Bouton, le périanthe enlevé ($\frac{6}{1}$).

vexe, cinq sépales, souvent inégaux, imbriqués en quinconce, cinq pétales tordus et caducs, et dix étamines monadelphes, dont cinq plus

1. Ce qui, avec la forme de l'inflorescence, fait ressembler ces plantes à des *Plumbago*.

2. GRIFF., *Notul.*, IV, 534, t. 593. — FENZL, *Darst. Vier Pfl. Gatt.*, 21, t. 3.

3. L., *Gen.*, n. 831. — ADANS., *Fam. des pl.*, II, 344. — J., *Gen.*, 275. — LAMK, *Dict.*,

courtes, superposées aux pétales. Leurs filets sont unis inférieurement en un tube court, à cinq angles alternipétales, quelquefois épaissis, comme dans les Lins, en glandes allongées; après quoi ils se dégagent, supportant supérieurement une anthère biloculaire, introrse, déhiscente par deux fentes longitudinales. L'ovaire est à cinq loges alternipétales, plus rarement à quatre ou à trois, surmonté d'un pareil nombre de branches stylaires à sommet stigmatifère capité. Dans l'angle interne de chaque loge se voient deux ovules descendants, généralement collatéraux et à micropyle extérieur surmonté le plus souvent d'un obturateur épais. Le fruit est une drupe qui renferme de trois à cinq noyaux mono- ou dispermes. Les graines, ordinairement comprimées, contiennent sous leurs téguments un albumen charnu, entourant un embryon droit ou arqué, à courte radicule supère. Les *Hugonia* sont des arbustes, souvent grimpants, de tous les pays tropicaux, à feuilles alternes, simples, penninerves, accompagnées de stipules entières ou déchiquetées. Leurs fleurs sont le plus souvent disposées en grappes terminales ramifiées, composées de cymes, sans bractées. Le plus souvent aussi les divisions inférieures de l'inflorescence, au nombre d'une ou deux, sont transformées en un croc épais, recourbé en bas ou enroulé en spirale.

Dans certains *Hugonia*, principalement originaires de l'Afrique tropicale, les fleurs sont réunies dans l'aisselle des feuilles en grappes ou en épis très-courts, simples ou ramifiés. C'est ce qui arrive aussi dans les *Roucheria*[1], rapportés dernièrement[2] au genre *Hugonia*, et dont on connaît trois espèces, deux de l'Amérique tropicale, l'autre de l'Asie tropicale. Leurs fleurs sont accompagnées de bractées inégales, en nombre variable, analogues aux sépales et plus petites qu'eux.

Dans quelques *Hugonia* de la Nouvelle-Calédonie, récemment décrits sous le nom de *Penicillanthemum*[3], les tiges sont le plus communément non grimpantes, tout comme dans les *Roucheria*; les sépales sont plus obtus, et les inflorescences, dépourvues de crochets à la base. Les mêmes caractères se retrouvent dans le *Sarcotheca macrophylla*[4], arbuste de

III, 148; *Ill.*, t. 572. — GÆRTN., *Fruct.*, I, 281, t. 58. — DC., *Prodr.*, I, 522. — ENDL., *Gen.*, n. 5404. — PL., in *Hook. Lond. Journ.*, VII, 524. — B. H., *Gen.*, 243, 987, n. 5. — H. BN, in *Payer Fam. nat.*, 396; in *Adansonia*, X, 364. — *Ægotoceras* RAY (ex ADANS.).

1. PL., in *Hook. Lond. Journ.*, VI, 141, t. 2. — B. H., *Gen.*, 243, 987, n. 6.

2. F. MUELL., *Fragm.*, V, 7.

3. VIEILL., in *Bull. Soc. Linn. Normand.*, X, 94. — B. H., *Gen.*, 987. — H. BN, in *Adansonia*, X, 364. Nous croyons que l'un de ces *Penicillanthemum* est le *Durandea* (PL., *loc. cit.*, VII, 527; — B. H., *Gen.*, 245, n. 10; — WALP., *Ann.*, II, 137), auquel on aurait attribué par erreur des loges uniovulées, ses deux ovules collatéraux étant fort rapprochés l'un de l'autre et unis supérieurement par un obturateur commun.

4. BL., *Mus. lugd.-bat.*, I, 241. — B. H., *Gen.*, 245, n. 11. — H. BN, in *Adansonia*, X, 364. — WALP., *Ann.*, II, 137. — *Roucheria macrophylla* MIQ., *Fl. ind.-bat.*, I, p. II, 136. — WALP., *Ann.*, VII, 462.

l'archipel Indien, qui semble aussi devoir être rapporté au genre *Hugonia*, mais dans lequel les jeunes graines sont à peu près superposées, au lieu d'être collatérales et coiffées d'un obturateur commun.

Enfin, dans deux *Hugonia* américains, dépourvus de crocs, comme la plupart de ceux de la Nouvelle-Calédonie, les poils que porte la face interne des pétales, peu développés dans ces derniers, sont bien plus longs et bien plus nombreux. De là l'origine du nom des *Hebepetalum* [1], considérés comme formant un genre spécial. Les bases des pétales, déjà épaisses et charnues dans les espèces néo-calédoniennes, deviennent ici plus saillantes encore en dedans et peuvent même représenter une sorte de crête médiane ou d'écaille basilaire. La présence de ces épaississements ne suffit pas toutefois à caractériser un genre, non plus que les saillies glanduleuses alternipétales du tube androcéen, lesquelles se retrouvent dans certaines espèces asiatiques du genre *Hugonia*. Celui-ci, avec ses cinq sections [2], comprend actuellement environ vingt espèces [3].

Les *Ochthocosmus* [4], voisins des *Hugonia*, s'en distinguent en ce que leur périanthe persiste autour du fruit, en ce que leur style est unique, et en ce que leur péricarpe est sec, septicide. On en connaît trois espèces : l'une américaine [5], dont les pétales secs ont peu d'épaisseur, et dont les carpelles mûrs sont, comme ceux des Lins, partagés par une fausse-cloison ; la seconde [6], originaire de l'Afrique tropicale occidentale, dont les loges ovariennes présentent un rudiment centripète de fausse-cloison, et dont les pétales s'épaississent et s'indurent autour de la capsule. Dans la troisième [7], type d'un genre *Phyllocosmus* [8], les pétales s'indurent ; mais la fausse-cloison fait, dit-on, défaut. Toutes ces plantes sont frutescentes, glabres, à feuilles alternes, pourvues de stipules, et à fleurs groupées en cymes sur de petits rameaux axillaires.

Dans un autre groupe secondaire [9], formé par les *Ixonanthes* [10], l'ovaire

1. BENTH., *Gen.*, 244, n. 9.

2. HUGONIA : sect. 5.
   1. *Mystax* (RAY).
   2. *Roucheria* (PL.).
   3. *Durandea* (PL.).
   4. *Sarcotheca* BL.).
   5. *Hebepetalum* (BENTH.).

3. CAV., *Diss.*, III, 177, t. 73. — BUCH., *Dec.*, I, t. 8, 9. — WIGHT et ARN., *Prodr.*, I, 72. — WIGHT, *Ill.*, t. 32. — OLIV., *Fl. trop. Afr.*, I, 270. — WALP., *Ann.*, I, 96 ; II, 136, 137.

4. BENTH., in *Hook. Lond. Journ.*, II, 366. — B. H., *Gen.*, 245, n. 12. — H. BN, in *Adansonia*, X, 366.

5. *O. Roraimæ* BENTH., *loc. cit.* — WALP., *Rep.*, V, 135.

6. *O. sessiliflorus* H. BN, *loc. cit.* — *Phyllocosmus sessiliflorus* OLIV., *Fl. trop. Afr.*, I, 273, n. 2.

7. *O. africanus* HOOK. F., in *Hook. Icon.*, t. 773 ; *Niger*, 240, t. 23. — WALP., *Ann.*, I, 124. — *Pentacocca leonensis* TURCZ., in *Bull. Mosc.*, XXVI (1863), 601.

8. *P. africanus* KL., in *Abh. d. Berl. Acad.* (1856), 232. — OLIV., *loc. cit.*, n. 1. — WALP., *Ann.*, VII, 464.

9. *Ixonantheæ* (*Lineæ* trib. 4 B. H., *Gen.*, 242, 245).

10. JACK, *Mal. Misc.*, ex *Hook. Comp. to Bot. Mag.*, I, 154. — B. H., *Gen.*, 245, n. 14.

à cinq loges alternipétales est surmonté d'un style unique, à extrémité stigmatifère discoïde ou capitée, entière ou faiblement lobée, et il s'insère au fond d'une petite coupe réceptaculaire que borde un disque annulaire ou cupuliforme. Aussi les cinq sépales imbriqués et les cinq sépales tordus sont-ils légèrement périgynes, de même que l'androcée, inséré en dehors du disque, et formé de dix, quinze ou vingt étamines. Dans chacune des loges de l'ovaire se trouvent deux ovules collatéraux, descendants, incomplétement anatropes. Leur exostome, supérieur et extérieur, est déjà allongé et tubuleux dans la fleur; il le devient bien plus dans la graine, qu'il dépasse parfois de plusieurs longueurs, tandis que sur les côtés du hile se développe de chaque côté un appendice descendant, de longueur variable. Le fruit, à la base duquel persistent le réceptacle et le périanthe, est une capsule septicide, dont chaque loge est plus ou moins complétement partagée en deux par une fausse-cloison centripète. Les trois ou quatre *Ixonanthes* connus [1] sont des arbres de l'Asie tropicale, à feuilles alternes, simples, avec ou sans stipules, et à petites fleurs disposées en cymes axillaires, dichotomes et longuement pédonculées.

III. SÉRIE DES ERYTHROXYLON.

Les fleurs des *Erythroxylon* [2] (fig. 80-87) sont régulières et hermaphrodites, avec un réceptacle convexe, qui porte cinq [3] sépales, libres ou légèrement unis à la base, imbriqués en quinconce, ou presque valvaires dans le bouton, et cinq pétales alternes, caducs. Ils sont tordus ou imbriqués dans la préfloraison, et leur surface interne présente à la base un appendice de forme variable, ordinairement partagé en deux lobes symétriques [4]. Les étamines sont en nombre double des pétales,

— H. BN, in *Adansonia*, X, 367. — *Ixionanthes* ENDL., *Gen.*, n. 5557. — *Emmenanthus* HOOK. et ARN., in *Beech. Voy.*, *Bot.*, 217. — *Brewstera* RŒM., *Syn.*, I, 132, 141. — *Pierotia* BL., *Mus. lugd.-bat.*, I, 179.

1. GRIFF., *Pl. Cantor.*, 11, t. 1. — CHAMP., in *Trans. Linn. Soc.*, XXI, t. 13. — MIQ., *Fl. ind.-bat.*, I, p. II, 494; Suppl., I, 481. — WALP., *Rep.*, V, 376; *Ann.*, IV, 351; VII, 464.

2. L., *Gen.*, n. 575 (*Erythroxylum*). — J., *Gen.*, 253. — LAMK, *Dict.*, II, 392; Suppl., II, 586; *Ill.*, t. 383. — DC., *Prodr.*, I, 573. — TURP., in *Dict. sc. nat.*, Atl., t. 167. — MART., *Mon. Erythrox.*, in *Abh. Akad. Münch.*, III, 279, t. 1-10 (1840). — SPACH, *Suit. à Buffon*, III, 74. — ENDL., *Gen.*, n. 5597. — B. H., *Gen.*, 244, n. 7. — H. BN, in *Payer Fam. nat.*, 403. — *Venelia* COMMERS., mss. (ex ENDL.). — *Roelana* COMMERS., mss. (ex ENDL.). — *Steudelia* SPRENG., *N. Entd.*, III, 59; *Syst.*, II, 391. — *Sethia* H. B. K., *Nov. gen. et spec.*, V, 175.

3. Il y a çà et là des fleurs tétramères ou même hexamères.

4. Dans l'*E. Coca*, par exemple, cet appendice a inférieurement la forme d'une sorte d'écuelle irrégulière, à concavité tournée en dedans et dont le bord serait glanduleux en bas. Supérieurement, elle est surmontée de deux prolongements dressés, situés l'un à droite et l'autre à gauche de la ligne médiane, symétriques l'un par rapport à l'autre et émarginés au sommet.

cinq alternes et cinq superposées, toutes unies entre elles inférieurement en un tube court dont se dégagent [1] les dix filets, supportant chacun une anthère, biloculaire, introrse, déhiscente par deux fentes longitudinales, versatile [2]. Le gynécée est libre, formé d'un ovaire qui est généralement à trois loges, dont deux postérieures, surmonté d'un style partagé plus

Erythroxylon Coca.

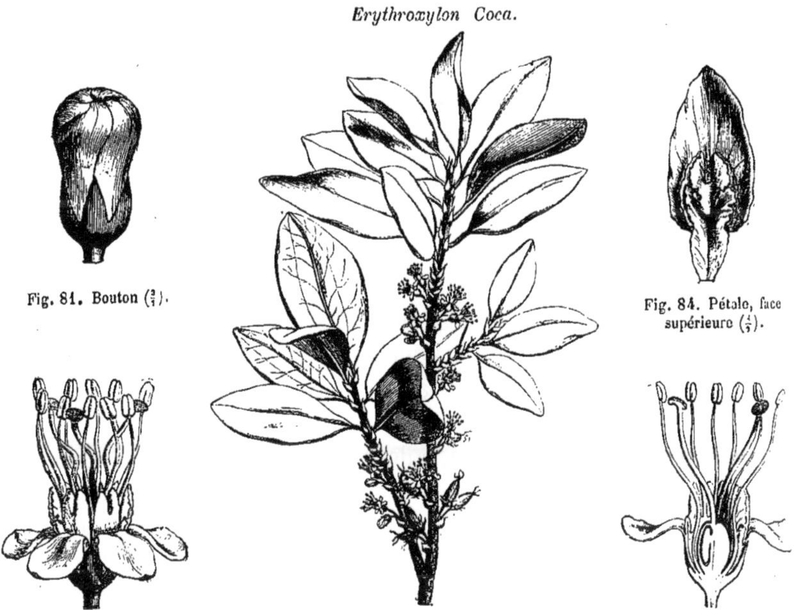

Fig. 81. Bouton ($\frac{3}{1}$).

Fig. 84. Pétale, face supérieure ($\frac{4}{1}$).

Fig. 82. Fleur ($\frac{3}{1}$).

Fig. 80. Rameau florifère ($\frac{1}{2}$).

Fig. 83. Fleur, coupe longitudinale.

ou moins haut, mais généralement jusque près de sa base [3], en trois branches dont l'extrémité stigmatifère est renflée en tête ou en massue. Il n'y a généralement qu'une loge fertile, tandis que les autres sont vides et souvent fort peu développées; c'est l'antérieure, dont l'angle interne présente un ou, plus rarement, deux ovules, descendants, avec le micropyle dirigé en haut et en dehors [4]. Le fruit est une drupe, accompagnée à sa base des restes du calice et de l'androcée, à noyau souvent mince, contenant une graine dont les téguments recouvrent un albumen [5]

1. La base de leur portion libre est souvent entourée d'un bourrelet extérieur ou d'une petite collerette, entière ou crénelée, formée par le bord supérieur du tube.

2. Par suite, souvent extrorse dans la fleur épanouie; direction qu'elle occupe primitivement dans certaines espèces vues vivantes, telles que l'*E. Coca*.

3. C'est dans les *Sethia* indiens (dont on a proposé de faire un genre complétement distinct) et dans quelques espèces brésiliennes que l'union des styles s'étend le plus haut.

4. Ils ont deux enveloppes.

5. Il est parfois réduit à une membrane; plus souvent il est charnu, épais autour de la radicule et vers le dos des cotylédons.

d'épaisseur variable, et un embryon axile, à cotylédons plan-convexes et à radicule supère. Les *Erythroxylon*, dont on connaît une cinquantaine d'espèces [1], sont des arbrisseaux ou arbustes de toutes les régions chaudes du globe. Leurs feuilles sont alternes, entières, penninerves [2],

Erythroxylon Coca.

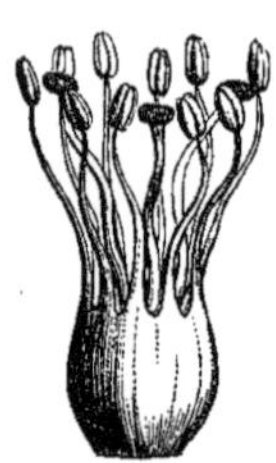

Fig. 85. Androcée et gynécée.

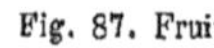

Fig. 87. Fruit.

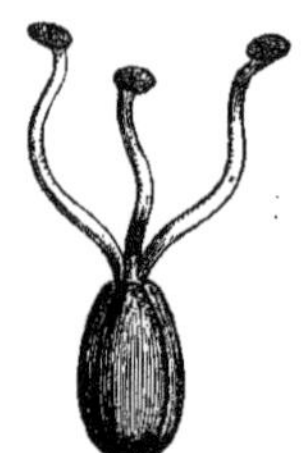

Fig. 86. Gynécée.

pétiolées, accompagnées de stipules intrapétiolaires. Leurs fleurs sont solitaires ou réunies en petits bouquets de cymes dans l'aisselle des feuilles ou des bractées qui, sur certains rameaux, tiennent leur place.

On a placé à côté des *Erythroxylon* l'*Aneulophus africana* [3], qui, avec à peu près le même périanthe, a des pétales plus longs et réfléchis, parcourus en dedans, sur la ligne médiane, par une côte proéminente, un androcée monadelphe, diplostémoné, et un ovaire à trois ou quatre loges biovulées, surmonté d'un même nombre de styles distincts. C'est un arbuste glabre, qui a des feuilles opposées, avec des stipules interpétiolaires et connées, et des fleurs réunies en cymes axillaires.

IV. SÉRIE DES HOUMIRI.

Les *Houmiri* [4] (fig. 88-97) ont les fleurs régulières, hermaphrodites, organisées à peu près comme celles des *Ixonanthes*. Leur réceptacle

1. CAV., *Diss.*, VIII, 399. — H. B. K., *Nov. gen. et spec.*, V, 175, t. 453. — A. S. H., *Pl. us. Bras.*, t. 69; *Fl. Bras. mer.*, II, t. 102, 103. — DELESS., *Ic. sel.*, III, t. 28. — WIGHT et ARN., *Prodr.*, I, 106. — ROXB., *Pl. coromand.*, t. 88. — WIGHT, *Ill.*, t. 48; *Icon.*, t. 97. — A. RICH., *Fl. cub.*, t. 27. — GRISEB., *Fl. brit. W.-Ind.*, 113. — HARV. et SOND., *Fl. cap.*, I, 233. — OLIV., *Fl. trop. Afr.*, I, 273. — BENTH., *Fl. austral.*, I, 283. — HOOK., in *Bot. Mag. Comp.*, II, t. 21. — WALP., *Rep.*, I, 403; II, 812; *Ann.*, II, 195; VII, 463.

2. Souvent marquées en dessous d'une surface à teinte particulière, limitée par deux lignes courbes, concaves du côté de la nervure médiane et qui dépendent du mode d'estivation du limbe, comme dans certaines Ternstrœmiacées.

3. BENTH., *Gen.*, 244, 987, n. 8. — OLIV., *Fl. trop. Afr.*, I, 274. — ?? *Caucanthus* FORSK., *Fl. æg.-arab.*, 91 (ex BENTH.).

4. AUBL., *Guian.*, I, 564, t. 225. — H. BN, in *Adansonia*, X, 368. — *Humiria* J., *Gen.*,

convexe porte un calice à cinq divisions profondes, imbriquées dans le bouton [1], et cinq pétales alternes, dont la préfloraison est tordue ou imbriquée. L'androcée est formé de dix étamines, superposées, cinq aux divisions du calice, et cinq, plus courtes, aux pétales, dans une espèce de

Houmiri arenarium.

Fig. 88. Rameau florifère et fructifère (½).

l'Afrique tropicale occidentale, l'*H. gabonensis*, dont nous avions d'abord fait le type d'un genre particulier sous le nom d'*Aubrya* [2]. Elles y sont toutes fertiles et libres entre elles ou unies dans une étendue variable par la base de leurs filets, et elles ont une anthère biloculaire, introrse, dont les loges, déhiscentes chacune par une fente longitudinale, sont appliquées en bas et en dedans d'un connectif épais, conique et aplati, qui les dépasse de beaucoup par son sommet [3]. Dans certaines espèces

435. — DC., *Prodr.*, I, 619. — *Humirium* MART., *Nov. gen. et spec.*, II, 142, t. 198, 199. — ENDL., *Gen.*, n. 5486. — B. H., *Gen.*, 247, n. 2. — H. BN, in *Adansonia*, I, 209; in *Payer Fam. nat.*, 262. — *Myrodendron* SCHREB., *Gen.*, 358 (incl. : *Aubrya* H. BN, *Helleria* NEES et MART., *Saccoglottis* MART., *Vantanea* AUBL., *Vantaneoides* RICH., *Wernisekia* SCOP.).

1. D'autant plus petites qu'elles sont plus extérieures dans la préfloraison. Dans les *Vantaneoides* de RICHARD (H. BN, in *Adansonia*, X, 369), les sépales sont imbriqués ; mais dans les *Vantanea* vrais, comme le *V. guianensis* AUBL., les dents du calice ne se touchent même pas.

2. H. BN, in *Adansonia*, II, 262; X, 368. — B. H., *Gen.*, 988, n. 2 *a*. — OLIV., *Fl. trop. Afr.*, I, 275. — WALP., *Ann.*, VII, 464.

3. H. MOHL (in *Ann. sc. nat.*, sér. 2, III, 335) décrit le pollen comme : « ovoïde; trois

américaines, qu'on a reléguées dans un genre *Saccoglottis* [1], il y a, outre ces dix étamines fertiles et où la disproportion entre les loges de l'anthère et le connectif est encore plus prononcée, dix staminodes interposés, représentés par autant de languettes subulées, unies inférieurement aux étamines fertiles. Ces staminodes deviennent fertiles à leur tour

Houmiri arenarium.

Fig. 89. Bouton ($\frac{5}{1}$).

Fig. 90. Fleur, la corolle enlevée.

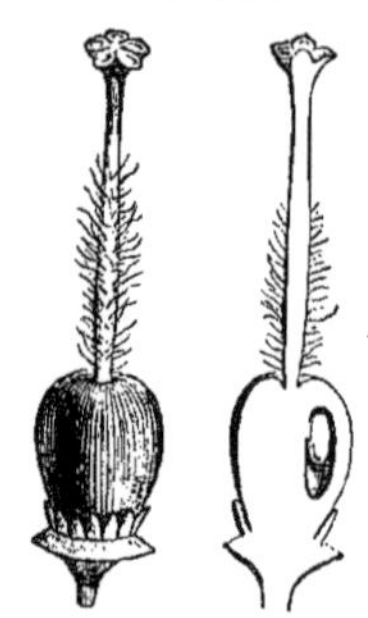

Fig. 91, 92. Gynécée, et coupe longitudinale.

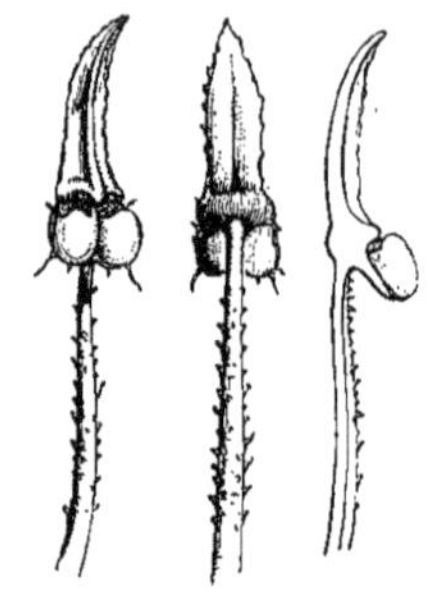

Fig. 93-95. Étamine, face, dos et coupe longitudinale.

dans la plupart des espèces américaines constituant dans le genre une section *Humirium* (fig. 90). Dans une autre section qui porte le nom de *Vantanea* [2] (fig. 96, 97), les étamines sont toutes fertiles et plus nombreuses encore, car on en compte de vingt à trente ou même jusqu'au delà de cinquante ou soixante. Le gynécée est libre et supère, formé d'un ovaire à cinq loges [3] alternipétales, entouré à sa base d'un disque qui est, ou épais, circulaire, presque entier, ou plus ou moins mince, membraneux, inégalement déchiqueté sur ses bords, ou profondément divisé en dix ou quinze languettes aiguës. Le style est simple, cylindrique, dressé, à extrémité stigmatifère renflée en une petite tête presque entière ou peu profondément lobée. Dans l'angle interne de chacune des loges se voit un placenta qui supporte deux ovules descendants, à micropyle dirigé en haut et en dehors, et collatéraux, ou presque superposés, par suite de l'allongement du funicule de l'un d'eux, l'autre pouvant avorter plus ou moins complétement, ou même disparaître tout

plis ; dans ceux-ci des papilles; dans l'eau, sphérique, triangulaire sur l'équateur; des papilles assez grosses sur les bandes qui sont sur les angles (*Helleria obovata* NEES et MART.). »

1. MART., *Nov. gen. et spec.*, II, 146. — ENDL., *Gen.*, n. 5485. — H. BN, in *Adansonia*, I, 208; X, 368. — B. H., *Gen.*, 247, n. 3.

2. AUBL., *Guian.*, 572, t. 229. — J., *Gen.*, 434. — ENDL., *Gen.*, n. 5383. — B. H., *Gen.*, 246, n. 1. — H. BN, in *Adansonia*, X, 368. — *Lemniscia* SCHREB., *Gen.*, 358. — *Helleria* NEES et MART., in *Nov. Act. nat. cur.*, XII, 38, t. 7. — ENDL., *Gen.*, n. 5487. — H. BN, in *Adansonia*, I, 209.

3. Elles sont quelquefois incomplètes; parfois aussi leur nombre est supérieur à cinq.

à fait [1]. Le fruit est une drupe, dont le mésocarpe est fréquemment mince, et dont le noyau dur, osseux, a ses parois souvent creusées de lacunes résinifères, et une ou plusieurs loges mono- ou dispermes. Les graines, sous leurs téguments minces, renferment un albumen charnu, quelquefois d'apparence granuleuse, qui entoure un embryon axile, à cotylédons elliptiques, à radicule supère, cylindrique, plus ou moins longue.

Houmiri (Vantanea) guianensis.

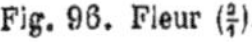

Fig. 96. Fleur (2/1).

Fig. 97. Fleur, coupe longitudinale.

Ainsi compris, le genre *Houmiri*, divisé (principalement d'après le nombre des étamines) en cinq sections [2], qu'on peut à la rigueur considérer comme autant de genres distincts, renferme une vingtaine d'espèces [3] qui, sauf une seule, appartiennent à l'Amérique tropicale. Toutes sont ligneuses, le plus souvent glabres et balsamifères. Elles ont des feuilles alternes [4], simples, entières ou crénelées, coriaces, dépourvues de stipules, et des fleurs, de couleur blanchâtre, disposées, dans l'aisselle des feuilles ou au sommet des rameaux, en grappes ramifiées et corymbiformes de cymes, quelquefois unipares vers leur extrémité.

Cette petite famille, distinguée en 1819 par A. P. De Candolle [5], ne comprenait pour lui que les *Linum* et *Radiola*, considérés auparavant par A. L. de Jussieu [6], comme « *genera Caryophylleis affinia* ». Les *Hugonia*, rangés par ce dernier [7] parmi les Malvacées, et par la plupart des auteurs de ce siècle, à la suite des Chlænacées [8], prirent définitive-

1. Ils ont double enveloppe.

2. Houmiri : sect. 5.
   1. *Aubrya* (H. Bn).
   2. *Saccoglottis* (Mart.).
   3. *Humirium* (H. Bn, nec *alior.*).
   4. *Vantaneoides* (Rich.).
   5. *Vantanea* (Aubl.).

3. Mart., *Nov. gen. et spec.*, II, 142, t. 198 ; 146 (*Saccoglottis*), 147 (*Helleria*). — A. Juss., in *A. S. H. Fl. Bras. mer.*, II, 88, 90 (*Helleria*). — Walp., *Ann.*, IV, 583, 585 (*Saccoglottis*).

4. A vernation souvent involutée.

5. *Théor. élém.*, éd. 1, 217 ; *Prodr.*, I, 423, Ord. 23. — *Linaceæ* Lindl., *Introd.*, ed. 2, 89 ; *Veg. Kingd.*, 485, Ord. 183.

6. *Gen.* (1789), 303.

7. *Op. cit.*, 275.

8. DC., *Prodr.*, I, 522. — Endl., *Gen.*, 1016. — Lindl., *Veg. Kingd.*, 489 (*Oxalid.*).

ment place, comme type d'une tribu, dans la famille des Linacées, dans le travail de révision général que publia, en 1847-48, M. Planchon [1]. Il y partagea les Linacées en trois sections : les *Eulineæ*, vaste division comprenant les trois genres *Radiola*, *Linum* et *Reinwardtia*, qu'il conservait comme distincts ; les *Hugonieæ*, petit groupe dans lequel sont réunis les trois genres *Hugonia*, *Durandea* et *Roucheria* (ces deux derniers alors de nouvelle création) ; et les *Anisadenieæ*, constituées par le seul genre *Anisadenia*, établi en 1828 par WALLICH et plus généralement jusque-là rapporté aux Frankéniacées [2].

En 1862, MM. BENTHAM et HOOKER [3] laissèrent à cette famille à peu près les mêmes limites, l'augmentant seulement d'une nouvelle tribu à laquelle les *Erythroxylon* donnent leur nom [4] et qui contenait avec eux les deux genres nouveaux *Aneulophus* et *Hebepetalum*. En même temps ils dédoublaient l'ancien groupe des Hugoniées en deux tribus, ne laissant dans l'une d'elles [5] que les *Roucheria* [6] avec les *Hugonia*, et reléguant dans l'autre, avec les *Ixonanthes* [7], dont elle tire son titre [8], le *Durandea* [9], plus trois genres alors presque nouveaux et encore incomplétement connus, les *Ochthocosmus* [10], *Phyllocosmus* [11] et *Sarcotheca* [12]. Dans ce dernier travail, le nombre des genres de Linacées s'était donc élevé à quatorze. En les passant dernièrement en revue [13], nous en avons ajouté à la famille un de plus, les *Houmiri* [14], genre formé par nous de toutes les Humiriacées [15] connues jusqu'à ce jour, et qui, au premier aspect, se distingue très-nettement des Lins, dont il a été éloigné par tous les auteurs. Mais grâce à des types intermédiaires nombreux et gradués, que représentent entre les uns et les autres les Hugoniées d'une part, les Érythroxylées et les Ixonanthées de l'autre, l'ensemble s'enchaîne si naturellement, qu'il vaut mieux, à ce qu'il nous a semblé, rattacher les *Houmiri* à la famille que les reléguer dans un petit cadre distinct. Mais en même temps que nous proposions cet accroissement,

1. In *Hook. Lond. Journ.*, VI, 588 ; VII, 165, 473.
2. ENDL., *Gen.*, 1420.
3. *Gen.*, 241, Ord. 34 (*Lineæ*).
4. *Erythroxyleæ* K., *Nov. gen. et spec.*, V, 175 (1821). — DC., *Prodr.*, I, 573, Ord. 38. — ENDL., *Gen.*, 1065, Ord. 229. — *Erythroxylaceæ* LINDL., *Veg. Kingd.*, 391, Ord. 140.
5. *Hugonieæ* PL., *loc. cit.*, VI, 593. — *Hugoniaceæ* ENDL., *Gen.*, 1016.
6. PL., *loc. cit.*, VI, 141 (1847).
7. JACK, ex *Hook. Bot. Mag. Comp.*, I (1835).
8. *Ixonantheæ* (Gen. dub. *Cedrelaceis* aff. ENDL., *Gen.*, 1055 ; — *Ternstrœmiacearum* gen. LINDL., *Veg. Kingd.*, 397).
9. PL., *op. cit.*, VI (1847).
10. BENTH., in *Hook. Lond. Journ.*, II, (1843).
11. KL., in *Abh. Ak. Berl.* (1856).
12. *Mus. lugd.-bat.*, I (1851).
13. In *Adansonia*, X, 368-371 (1873).
14. AUBL., *Guian.*, 564 (1775).
15. *Humiriaceæ* MART., *Nov. gen. et spec.*, II, 147 (1826). — A. JUSS., in *A. S. H. Fl. Bras. mer.*, II (1829), 87. — ENDL., *Gen.*, 1039, Ord. 222. — LINDL., *Introd.*, ed. 2, 103 ; *Veg. Kingd.*, 447, Ord. 164. — H. BN, in *Adansonia*, II, 208 ; in *Payer Fam. nat.*, 262, Fam. 122. — B. H., *Gen.*, 246, Ord. 35.

nous réduisions de beaucoup le nombre des autres genres et même celui des tribus. Les *Durandea* et *Sarcotheca*, mieux connus, adjoints à titre de sections au genre *Hugonia*, servaient de lien entre les deux tribus des Hugoniées et des Ixonanthées, désormais fondues en une seule; et les *Hebepetalum* eux-mêmes, reliés aux anciens *Hugonia* par l'intermédiaire des espèces océaniennes de ce genre, disparaissaient du groupe des Érythroxylées. D'autre part, nous avons uni les *Phyllocosmus* aux *Ochthocosmus;* et dans la série des Linées, nous avons, à l'exemple de beaucoup d'auteurs, soit anciens, soit modernes, rattaché aux *Linum*, comme sous-genres, les *Reinwardtia*, *Cathartolinum* et *Radiola;* réduisant par là le nombre total des genres de Linacées à huit, répartis en quatre séries dont les caractères généraux sont les suivants.

I. Linées. — Corolle tordue et fugace. Deux verticilles d'étamines, dont un seul fertile, à pièces alternipétales. Fruit capsulaire, septicide, ou sec, indéhiscent, monosperme. Plantes herbacées ou suffrutescentes. — 2 genres.

II. Hugoniées. — Corolle tordue ou imbriquée. Deux verticilles d'étamines ou plus, toutes fertiles, hypogynes (*Euhugoniées*), ou légèrement périgynes (*Ixonanthées*). Fruit drupacé à plusieurs noyaux. Arbres ou arbustes, parfois grimpants et souvent pourvus de crocs, à feuilles alternes et à stipules latérales ou nulles. — 3 genres.

III. Érythroxylées. — Corolle tordue ou imbriquée, à pétales doublés en dedans d'une côte saillante bien développée, ou plus souvent d'un grand appendice supérieurement bilobé. Deux verticilles d'étamines toutes fertiles. Ovaire pluriloculaire, presque toujours à une seule loge fertile. Fruit drupacé, à mésocarpe souvent mince, à un seul noyau uni- ou pluriloculaire. Arbustes à feuilles alternes ou opposées, à stipules intra-axillaires ou interpétiolaires. — 2 genres.

IV. Houmiriées. — Corolle tordue ou imbriquée, à pétales libres, non appendiculés. Étamines 10-∞, toutes fertiles ou en partie stériles; anthères à connectif souvent épais, pyramidal ou conique, avec des loges souvent peu développées vers sa base. Disque hypogyne de forme variable. Ovaire à plusieurs loges fertiles. Fruit drupacé, à noyau pluriloculaire très-épais. Arbres et arbustes à feuilles alternes, sans stipules. — 1 genre.

Ainsi limitée, cette famille contient environ cent soixante-quinze espèces, dont plus de quatre-vingts pour la série des Linées et une cinquantaine pour celle des Érythroxylées. Celle des Houmiriées, comprenant une vingtaine d'espèces, serait entièrement américaine, si l'on n'en avait récemment découvert une dans l'Afrique tropicale occidentale. Les *Anisadenia* n'ont été observés que dans les montagnes de l'Inde ; et les *Ixonanthes*, dans l'Asie tropicale austro-orientale. L'*Aneulophus* est de l'Afrique tropicale occidentale. Les genres *Erythroxylon*, *Hugonia*, *Ochthocosmus* et *Linum* sont communs aux deux mondes. En faisant la somme des espèces de ces quatre genres, on trouve un total d'environ cent cinquante, appartenant par moitié environ à chacun des deux mondes. Pour l'ensemble de toute la famille, on trouve quatre-vingt-trois espèces américaines contre quatre-vingt-douze particulières à l'ancien monde. Dans le genre Lin, les espèces sont très-inégalement répandues dans toutes les régions du globe [1], mais on en rencontre depuis les zones tropicales jusqu'aux portions les plus froides de l'Amérique du Nord, de l'Asie et de l'Europe, et, d'autre part, jusqu'au sud de l'Afrique et à la Nouvelle-Zélande. Le Lin commun est cultivé dans les régions froides et aussi dans les pays chauds, comme l'Égypte, alors qu'il est possible de l'arroser. Sa culture sur les bords du Nil est des plus anciennes, puisqu'on le retrouve dans les étoffes qui enveloppent les momies et dans les peintures des hypogées. Les Hébreux, les Celtes et les Germains le plantaient pour en confectionner des tissus ; son nom fait supposer que sa culture est issue de l'Europe tempérée [2]. Toutefois on l'a aussi indiqué comme d'origine orientale [3], et on l'a dit spontané dans la Russie centrale et vers la mer Caspienne [4] ; son état paraît sauvage au sud du Caucase. Le *L. Radiola* croît jusqu'aux Orcades et en Norvége, et il se retrouve au sud jusque dans l'Afrique tropicale [5]. Le *L. catharticum* s'étend dans toute l'Europe, depuis l'Italie méridionale jusqu'en Islande ; le *L. gallicum*, depuis la France jusqu'à l'Abyssinie [6] : ce dernier a été introduit jusque dans l'Australie [7].

Les affinités des Linées avec les Géraniacées sont tellement étroites, que plusieurs auteurs ont réuni les deux groupes. Les Oxalidées ont été parfois rangées parmi les Linacées. Quant aux Linées, disent MM. Bentham et Hooker [8], « rapprochées par les auteurs, tantôt des Malvacées

1. M. Planchon a donné un tableau général de leur distribution géographique et de celles de toutes les Linacées alors connues (*loc. cit.*, en face de la page 599).
2. A. DC., *Géogr. bot. rais.*, 390, 833.
3. Pl., in *Hook. Journ.*, *loc. cit.*, 185 (« *verosimiliter ex Oriente ortum* »).
4. Ledeb., *Fl. ross.*, I, 425.
5. Oliv., *Fl. trop. Afr.*, I, 268.
6. Lecoq, *Géogr. bot.*, V, 316.
7. Benth., *Fl. austral.*, I, 283.
8. *Gen.*, 241.

et des Caryophyllées, tantôt des Géraniacées, elles se différencient bien des deux premières familles par la situation des ovules, de la dernière par leurs ovaires non lobés; et elles se distinguent à première vue des Malvacées et des Géraniacées par leurs feuilles entières, des Caryophyllées par leurs feuilles alternes (à l'exception de deux espèces). » Ces caractères différentiels sont trop absolus encore, et les deux groupes ne peuvent être séparés qu'artificiellement. « On peut seulement, avons-nous dit [1], se figurer que, dans les Linacées, l'union des carpelles entre eux suivant l'axe du gynécée est poussée plus loin que dans les Géraniacées. Celles-ci sont les seules parmi lesquelles on observe des types à ovaires libres, comme il arrive dans les *Biebersteinia* et dans les *Flœrkea* (*Limnanthes*), et les seules, par conséquent, dans lesquelles le style puisse devenir plus ou moins complétement gynobasique. » Par les séries où les genres deviennent formés des plantes à tige ligneuse ou frutescente, les Linacées se rapprochent encore d'un certain nombre d'autres familles, parmi lesquelles on trouvera leurs types à ovaires indépendants, ou à peu près: ce sont, en première ligne, les Malpighiacées, puis les Euphorbiacées et les Ternstrœmiacées. Quant à ces dernières, on leur a rapporté autrefois les *Ixonanthes*, qui peuvent avoir jusqu'à une vingtaine d'étamines; mais nous savons que celles-ci sont périgynes; et s'il pouvait y avoir hésitation entre une Linacée ligneuse et une Ternstrœmiacée oligandre, on se rappellerait que dans celle-ci les étamines, d'ailleurs libres, sont unies avec la base de la corolle, tandis que, dans les Linacées, ce n'est pas avec les pétales qu'elles s'unissent; mais quand elles ne sont pas indépendantes, ce qui est la règle[2], c'est entre elles qu'elles forment un tube court ou une sorte d'urcéole dont se dégage plus haut la portion indépendante des filets. C'est là ce qui arrive pour les Hugoniées et les Érythroxylées. Dans les cas tout à fait douteux, il reste la direction des régions ovulaires; le micropyle étant supérieur et intérieur dans les Ternstrœmiacées, mais constamment extérieur et souvent coiffé d'un obturateur dans les Linacées. Dans les Malpighiacées, l'organisation florale générale est à peu près celle des Linacées ligneuses ; mais elles ont les feuilles opposées, ce qui n'arrive ici que dans l'*Aneulophus;* leurs sépales sont le plus souvent munis d'une ou deux glandes extérieures ; leur graine est totalement dépourvue d'albumen; leur embryon n'est pas ordinairement rectiligne, et leurs loges ovariennes sont uniovulées. Le fait ne se présente ici que dans les *Erythroxylon*, caractérisés d'ailleurs par leurs feuilles alternes, leurs

1. In *Adansonia,* X, 360.

2. Sauf dans les Houmiriées.

stipules axillaires, leurs étamines monadelphes et leurs loges ovariennes généralement stériles, sauf une seule. Les Euphorbiacées dont la fleur est pourvue d'une corolle bien développée, tordue, qui ont cinq ou dix étamines monadelphes, et dont les ovules sont descendants, avec le micropyle extérieur et supérieur, coiffé d'un obturateur, sont aussi analogues que possible aux Linées et à certaines Hugoniées ; mais il s'agit dans ce cas de plantes comparables aux *Jatropha*, très-souvent laiteuses, et en tout cas à fleurs unisexuées et à loges ovariennes uniovulées, avec un fruit tricoque et un albumen abondant dans leurs graines. Quant aux Houmiriées, elles sont fréquemment, mais non pas toujours, caractérisées par la forme de leurs anthères, et elles ont été comparées aux Ébénacées [1] et aux Méliacées à loges uni- ou biovulées ; mais des premières elles se séparent nettement par leur corolle polypétale, leur préfloraison, leurs ovules à micropyle supérieur et extérieur, leurs drupes à noyau épais et dur ; et des dernières, par leurs étamines non unies en tube souvent allongé et par leurs feuilles constamment simples [2].

La plus utile des plantes de ce groupe est, sans contredit, le Lin cultivé [3] (fig. 69-75). Bien plus que toutes les autres espèces [4] du genre, il fournit cette filasse textile qui est constituée par les faisceaux fibreux de son liber, séparés par le rouissage des autres portions de la tige et de l'écorce, et remarquables surtout par leur ténacité et leur flexibilité. Ses graines sont aussi d'une immense utilité par leur farine, malsaine comme aliment, mais employée sans cesse pour la préparation des cataplasmes ; par l'huile siccative, laxative, combustible, qu'on extrait de leur embryon et de leur albumen, et qui sert constamment dans les arts,

1. Voy. *Adansonia*, I, 210.

2. Les Houmiriées ont encore des affinités avec les Chlœnacées ; ce qui s'explique très-bien par leurs rapports avec les Ternstrœmiacées, dont les Chlænacées sont à peine distinctes (voy. *Adansonia*, *loc. cit.*). Mais elles ne peuvent être, à notre sens, unies aux Éricacées, comme l'a proposé LINDLEY (*Veg. Kingd.*, 447).

3. *Linum usitatissimum* L., *Spec.*, 397. — TRATT., *Tab.*, t. 144. — DC., *Prodr.*, I, 426, n. 29. — MÉR. et DEL., *Dict. Mat. méd.*, IV, 123. — ENDL., *Enchirid.*, 623. — DUCH., *Rép.*, 229. — LINDL., *Fl. med.*, 129 ; *Veg. Kingd.*, 485. — GUIB., *Drog. simpl.*, éd. 6, III, 651, fig. 746. — RICH., *Élém.*, éd. 4, II, 493, t. 90. — ROSENTH., *Syn. pl. diaphor.*, 892. — RÉV., in *Fl. méd. du* XIXe *siècle*, II, 239. — CAZ., *Pl. méd. ind.*, éd. 3, 589. — H. BN, in *Dict. encycl. sc. méd.*, sér. 2, II, 596. — BENN., *Om Lins plant.* (Stockh., 1738). — BERCH, *Nütr. sokns Lin-süde* (Ups., 1753). — KALM, *Om det gröna Lin.* (Vicenz., 1783). — GADD, *Anm om Lin-och* (Abo, 1786). — TRECCO, *Colt. e gov. del Lino.* (Vicenz., 1792). — NAG., *Unterr. zum Leinbau.* (Münch., 1831). — VEIT, *Anl. zum Leinbau.* (Augsb., 1841). — *L. arvense* NECK., *Gall.*, 159. — *L. sativum* BLACW., *Herb.*, t. 160.

4. On prépare encore des filasses textiles avec les tiges des *L. austriacum* L., *maritimum* L., *perenne* L. (*Lin de Sibérie*), *anglicum* L., et *humile* MILL., en Europe, *Lewisii* PURSH, dans l'Amérique du Nord. (Sur la structure des tiges des Lins, voy. LINK, *Elem. Phil. bot.* (1837), t. 2. — REISS., *Die Fasergew. des Leines* (extr. *Denkschr. Akad. Wissensch. Wien*, c. icon.).

dans la peinture, pour la préparation des couleurs, des vernis, de l'encre d'imprimerie, etc.; par le mucilage abondant en lequel se transforme au contact de l'eau leur tégument superficiel et qui les fait rechercher pour l'usage médical, tant interne qu'externe [1]. Le Lin purgatif [2], espèce commune dans nos prairies humides, doit son nom à ses propriétés évacuantes. Ses feuilles ont une saveur légèrement salée et amère; il était fort usité autrefois, surtout contre les rhumatismes rebelles, et l'est fort peu aujourd'hui. Au Chili, le *Linum aquilinum*[3] s'emploie comme fébrifuge, rafraîchissant; au Pérou, le *L. selaginoides* [4] passe pour apéritif, amer, stomachique. On cultive beaucoup de Lins dans nos jardins et nos serres pour leurs jolies fleurs rouges, jaunes, blanches ou bleues, notamment les *L. grandiflorum*, *perenne*, *trigynum*, et beaucoup d'autres. Les *Hugonia* semblent avoir des propriétés bien différentes. Dans l'Inde, on broie la racine de l'*H. Mystax* [5] pour l'employer à l'extérieur comme résolutive dans les cas d'inflammations, surtout de celles que produit la morsure des serpents venimeux. L'écorce est aussi alexipharmaque. A l'intérieur, toute la plante se prescrit comme vermifuge, diurétique et sudorifique, tonique et stimulante. La racine a l'odeur des violettes. L'*H. serrata* [6] (fig. 77-79) passe aussi pour tonique et sudorifique aux îles Mascareignes. Les *Houmiri* sont également des plantes stimulantes, et cela à cause du suc résineux balsamique que renferment plusieurs d'entre eux. AUBLET compare au baume du Pérou, pour ses propriétés, celui que l'on tire à la Guyane de l'*H. balsamiferum* [7] et qui porte les noms d'*Houmiri* et de *Touri*. Les Caraïbes s'en servent dans le traitement du ver solitaire et contre les blennorrhées; ils en préparent des liniments qui s'appliquent sur les articulations enflammées ou douloureuses. Au Para, l'*H. floribundum* [8] jouit d'une réputation analogue; son suc, ou *balsamo de Umiri*, a une

1. Les graines du *L. perenne* donnent aussi de l'huile, et l'on pourrait en extraire, dit-on, de celles du *L. catharticum*.

2. L., *Spec.*, 401. — SCHKUHR, *Handb.*, I, t. 87. — BLACKW., *Herb.*, t. 368. — DC., *Prodr.*, n. 46. — LINDL., *Fl. med.*, 129. — ENDL., *Enchirid.*, 623. — CAMER., *Biga bot.* (Tub., 1712). — SLEV., *De Lino sylv. cath. Angl.* (Jena, 1715). — MOR., *De Lini cath. vi purgat.* (Dorp., 1835). — PAGENST., *Ueb. Lin. cath.* (Münch., 1845). — ROSENTH., *op. cit.*, 893. — CAZ., *loc. cit.*, 593. — *Cathartolinum pratense* REICHB.

3. MOLIN., *Chil.*, 126. — DC., *Prodr.*, n. 13. — FEUILL., *Per.*, III, 32, t. 22, fig. 2. — ROSENTH., *op. cit.*, 894. — *L. Chamissonis* SCHIEDE (*Yango* des Chiliens).

4. LAMK, *Dict.*, III, 525. — DC., *Prodr.*, n. 9. — A. S. H., *Fl. Bras. mer.*, I, 131. — LINDL., *Fl. med.*, 129.

5. L., *Spec.*, 944. — RHEED., *Hort. malab.*, II, 29, t. 29. — DC., *Prodr.*, I, 522, n. 1. — ENDL., *Enchirid.*, 529. — LINDL., *Veg. Kingd.*, 489. — ROSENTH., *op. cit.*, 736.

6. LAMK, *Dict.*, III, 149. — DC., *Prodr.*, n. 2. — *H. Mystax* CAV., *Diss.*, III, 177, t. 73, fig. 1 (nec L.).

7. AUBL., *Guian.*, I, 564, t. 225. — DC., *Prodr.*, I, 619. — LINDL., *Fl. med.*, 159. — *Myrodendron amplexicaule* W., *Spec.*, II, 1171.

8. MART., *Nov. gen. et spec.*, II, 145, t. 199. — LINDL., *Fl. med.*, 159; *Veg. Kingd.*, 447. — *Helleria floribunda* MART. (ex ROSENTH., *op. cit.*).

odeur agréable de benjoin ; il sert aux mêmes usages que l'oléo-résine de Copahu. Au Brésil, on mange les graines de l'*H. obovata* [1], et au Gabon, les fruits du *Djouga* ou *H. gabonensis* [2]. Rien n'est plus contesté que le mode d'action des *Erythroxylon*, dont le plus célèbre est l'*E. Coca* [3] (fig. 80-87), espèce du Pérou, cultivée dans une grande partie de l'Amérique méridionale, notamment en Colombie, en Bolivie et au Brésil, pour ses feuilles, dont la consommation est telle, qu'on évalue à 15 millions, pour une année, la valeur de la production en Bolivie et au Pérou. Ces feuilles sont ovales ou ovales-aiguës, entières, membraneuses, penninerves, longues d'environ 4 centim., et remarquables par la zone médiane, d'une teinte un peu plus foncée que le reste du limbe, qu'on voit à la face inférieure et qui est limitée par deux lignes courbes presque parallèles aux bords. Leur principe actif serait, dit-on, la *cocaïne*, alcaloïde cristallisable, soluble dans l'alcool et l'éther. Ces feuilles, qui servent à préparer des infusions, des décoctions, des sirops, ont été rangées, comme le thé, le café, etc., parmi les substances d'épargne ou antidéperditrices ; leur action sur le système nerveux a été aussi comparée à celle du vin. Les indigènes s'en servent surtout comme d'un masticatoire, soit seules, soit mêlées à la chaux ou au tabac, pour soutenir leurs forces dans les voyages, dans les travaux de transport, de mines, d'agriculture, et supporter la fatigue alors même qu'ils manquent pendant assez longtemps d'aliments et de boissons. La plante est d'ailleurs, parmi certains Indiens, l'objet d'une sorte de culte superstitieux, et ils se procurent, en la mâchant avec du tabac, une véritable ivresse qu'on a comparée à celle que produit le haschisch. En Europe, on a considéré la *Coca* comme activant la nutrition, comme anesthésiant des muqueuses buccale et stomacale, comme accélérateur des sécrétions salivaire et intestinale et même rénale, et comme salutaire dans les cas de stomatite, d'angine chronique, de diathèses urique, scrofuleuse ; on l'a aussi vantée comme remède d'un embonpoint exagéré, etc. Dès l'âge de deux ans, les jeunes pieds de *Coca* donnent une première récolte dans les Andes, et chaque année on recueille trois fois les feuilles, en mars, en juillet et en octobre [4].

1. *Humirium obovatum* MART. (ex ROSENTH., *loc. cit.*).

2. H. BN, in *Adansonia*, X, 368. — *Aubrya gabonensis* H. BN, in *Adansonia*, II, 266. — OLIV., *Fl. trop. Afr.*, I, 275.

3. LAMK, *Dict.*, II, 393. — CAV., *Diss.*, VIII, 402, t. 229. — DC., *Prodr.*, I, 575, n. 23. — LINDL., *Fl. med.*, 199 ; *Veg. Kingd.*, 391. — MÉR. et DEL., *Dict. Mat. méd.*, III, 148. — GUIB., *Drog. simpl.*, éd. 6, III, 595. — DUCH., *Rép.*, 197. — ENDL., *Enchirid.*, 559. — HOOK., *Comp. to Bot. Mag.*, I, 161 ; II, 25, t. 21. — GOSSE, *Mon. E. Coca* (Brux., 1832). — TR et PL., in *Ann. sc. nat.*, sér. 4, XVIII, 338. — ROSENTH., *Syn. pl. diaphor.*, 775. — RÉV., in *Fl. méd. du* XIXe *siècle*, I, 356 (vulg. *Hayo*, *Ipadu*).

4. Voyez surtout, pour l'histoire et les pro-

D'autres espèces du genre *Erythroxylon* sont moins employées. A la Nouvelle-Grenade, on cite les *E. hondense* [1] et *areolatum* [2] comme des médicaments toniques dont on utilise les bourgeons, les jeunes pousses et l'écorce. Les fruits renferment un suc acidulé, sucré et mucilagineux, qui fait partie d'un sirop purgatif et diurétique, prescrit dans le traitement des affections cutanées. Au Brésil, l'*E. suberosum* [3] a une écorce astringente; son écorce produit une teinture brun rouge. La décoction des racines de l'*E. campestre* [4] s'emploie dans le même pays comme remède évacuant. L'écorce de la racine de l'*E. anguifugum* [5] passe pour alexipharmaque. La plupart des espèces ont un bois d'un rouge vif; celui de l'*E. hypericifolium* [6] est le *Bois d'huile*, ou *de dames*, ou *à balais* de Maurice, qui sert dans l'ébénisterie; on fabrique en effet des balais avec ses rameaux.

priétés de la *Coca* : DE JAUCOURT, *Encycl.*, III, 557. — A. L. JUSS., in *Dict. sc. nat.*, IX, 487. — COCHET, in *Journ. chim. et pharm.*, VIII, 475.—POEPP., *Reis.*, II, 209.—MART., in *Abh. Akad. Wissensch. Münch.*, III, 326, 367. — TSCHUDY, *Reis. Per.*, II, 299. —BIBRA, *Die narkot. Genussm.*, 151. — MANTEGAZ., *Sull. virt. igien. et med. della Coca* (Milan, 1859). — NIEM., in *Viert für prakt. Pharm.*, IX, fasc. 4. —WÖHLER et HEINDIG., *Ueb. das Cocaïn* (Vienne, 1860), in-8. — SCHEZER, *Ueb. d. peruan. Coca* (Stuttg. 1860). — DEMARLE, *Ess. sur la Coca* (thès. Par., 1862). — REIS. in *Bull. thérap.*, LXX, 175. — LIPPMANN, *Ess. sur la Coca* (thès. Strasb., 1868). — MORENO, *Rech. chim. et phys. sur l'E.* Coca. (thès. Par. 1868). — GAZEAU, *Nouv. Rech... sur la pharm... du Coca* (thès. Par., 1870). — M. A. FUENTES, *Mém. sur la Coca du Pérou* (Par., 1866, icon.). — POSADA-ARANGO, in *Ab. médic.*, XXVIII, 55.

1. H. B. K., *Nov. gen. et spec.*, V, 176. — DC., *Prodr.*, n. 7. — ROSENTH., *op. cit.*, 775. — LINDL., *Veg. Kingd.*, 391. —.TR., in *Ann. sc. nat.*, sér. 4, XVIII, 340.

2. L., *Amœn.*, V, 397. — SW., *Obs.*, 184. — DC., *Prodr.*, n. 20. — AINSL., *Mat. med. ind.*, II, 422.— *E. carthagenense* JACQ., *Amer.*, 134, t. 187, fig. 1.

3. A. S. H., *Pl. us. Bras.*, t. 69. (*Gallinha choca, Mercurio do campo*). L'*E. tortuosum* MART. (vulg. *Fruta de pomba*) a les mêmes propriétés.

4. A. S. H., *Fl. Bras. mer.*, I, 97. — ROSENTH., *op. cit.*, 776 (*Cabella de negro*).

5. MART., ex ROSENTH., *loc. cit.*, 776.

6. LAMK, *Dict.*, II, 394. — CAV., *Diss.*, VIII, 400, t. 230. — DC., *Prodr.*, n. 1. — *Venelia* COMMERS., herb. (ex DC.). — Sur la structure des tiges des *Erythroxylon*, voy. MART., *Beitr.*. *loc. cit.*, 12.

GENERA

I. LINEÆ.

1. **Linum** L. — Flores hermaphroditi regulares, 4, 5-meri; receptaculo convexo. Sepala integra v. rarius 3-dentata, imbricata. Petala margine sæpe cohærentia, contorta, fugacia, nunc ligulata. Stamina petalorum numero 2-plo pluria, 2-seriata; oppositipetalis sterilibus dentiformibus v. setiformibus; omnium filamentis basi in tubum brevem connatis; antheris introrsis, 2-rimosis. Glandulæ 4, 5, alternipetalæ tubo stamineo extus adnatæ plus minus prominulæ, æquales v. rarius inæquales. Germen liberum; loculis 3-5, oppositipetalis, ob dissepimentum spurium dorsale plus minus profunde 2-locellatis; styli terminalis, mox 3-5-partiti, ramis ad apicem stigmatosum linearibus v. varie dilatatis capitatisve. Ovula in loculis 2, collateraliter descendentia; micropyle extrorsum supera, obturatore crasso obtecta. Capsula septicide 3-5-valvis; loculis imperfecte septatis, 2-spermis; v. septo subcompleto fissili 6-10-cocca; coccis 1-spermis. Semina descendentia; albumine parco oleoso; embryonis recti carnosi radicula supera.—Herbæ, suffrutices v. frutices, sæpius glabri; foliis alternis v. rarius oppositis, integris v. serratis; stipulis parvis, caducis, nunc glanduliformibus v. 0; floribus in cymas terminales v. axillares, sæpe corymbiformes, v. racemiformes, raro 2-chotome 2-paras, sæpius lateraliter 1-paras, dispositis. (*Orbis tot. reg. temp. et calid. extratrop. v. trop. mont.*) — *Vid. p.* 42.

2. **Anisadenia** Wall. — Flores fere *Lini*, 5-meri; sepalis extimis 2, 3, dorso 1, 2-seriatim glanduloso-setiferis. Glandulæ tubo stamineo extus adnatæ 3-6, inæquales; una sæpe maxima. Germen 3-loculare; loculis 2-ovulatis. Cætera *Lini*. Capsula oblonga membranacea (inde-

hiscens ?), sæpius 1-sperma; seminis parce albuminosi embryone recto (viridi); cotyledonibus plano-convexis; radicula brevi supera. — Herbæ; rhizomate perenni; foliis alternis membranaceis penninerviis serratis; stipulis intrapetiolaribus adpressis striatis; floribus in racemum terminalem, nunc simplicem, nunc rarius cymiferum, dispositis; pedicellis brevibus post anthesin reflexis. (*India mont.*) — *Vid. p.* 45.

II. HUGONIEÆ.

3. **Hugonia** L. — Flores regulares, 5-meri; receptaculo convexo. Sepala imbricata, acuta v. obtusa. Petala alterna, contorta v. imbricata, sæpe fugacia, nunc basi plus minus incrassata v. intus prominulo-costata, extus plerumque glabra, intus parce v. nunc ditius pubescentia villosave. Stamina 10, 2-seriata, fertilia omnia; filamentis basi in tubum brevem, extus nudum v. inter petala plus minus glanduloso-incrassatum, connatis; antheris introrsis, 2-rimosis. Germen superum; loculis 3-5, alternipetalis; styli 5-partiti ramis apice stigmatoso plus minus incrassatis; ovulis in loculis singulis 2, descendentibus, subsuperpositis v. sæpius collateralibus; micropyle extrorsum supera obturatore crasso obtecta. Fructus drupaceus plus minus carnosus; putaminibus 3-5, lignosis v. osseis, 1, 2-spermis; seminum descendentium albumine carnoso; embryonis recti v. curvi cotyledonibus foliaceis. — Arbores v. frutices, nunc scandentes; foliis alternis penninerviis, integris v. serratis, glabris v. tomentosis; stipulis parvis, sæpius caducis; floribus in racemos simplices composito-cymiferos, terminales v. axillares, nunc brevissimos subsessiles, dispositis; pedunculis bracteatis v. nudis; infimis 1, 2, cujusve rami sæpe in uncos recurvos spirales mutatis. (*Orbis tot. reg. trop.*) — *Vid. p.* 46.

4. **Ochthocosmus** Benth. — Flores fere *Hugoniæ;* petalis circa fructum persistentibus, plus minus rigidulis v. induratis. Stamina 5, annulo brevissimo eglanduloso basi cincta. Germen 3-5-loculare; loculis 2-ovulatis, indivisis v. plus minus profunde septo spurio 2-locellatis; stylo simplici, apice stigmatoso capitato brevissime 3-5-lobo. Capsula septicide 3-5-valvis; carpellis plus minus septatis. Semina 1, 2, varie appendiculata v. alata; embryone parce albuminoso...? — Frutices glabri; foliis alternis subcoriaceis integris v. serratis crenatisve;

stipulis minutis, caducis; floribus in cymas v. glomerulos ramulo axillari insertos dispositis. (*Africa occ. et America austr. trop.*) — *Vid. p.* 48.

5. **Ixonanthes** Jack. — Flores fere *Hugoniæ;* receptaculo breviter cupuliformi, disco plus minus conspicuo intus vestito. Sepala 5, basi plus minus connata petalaque totidem alterna, contorta, persistentia et indurata, receptaculi margini perigyne inserta. Stamina 10-20, cum perianthio inserta eglandulosa; antheris introrsis, 2-rimosis. Germen liberum, ex parte inferum; loculis 5, alternipetalis, indivisis v. plus minus spurie 2-locellatis; ovulis 2, in singulis descendentibus; micropyle extrorsum supera elongata; stylo simplici, apice stigmatoso capitato sub-5-lobo v. late discoideo. Capsula coriacea v. lignosa septicida; valvis intus apertis, nunc spurie septatis; seminibus funiculo elongato appensis, exostomio valde elongato membranaceo v. aliformi, et alis 2 lateralibus stipatis; albumine carnoso; embryonis excentrici radicula supera. — Arbores v. arbusculæ glabræ; foliis alternis subcoriaceis, integris v. remote crenatis serratisve reticulato-penninerviis; stipulis minutis v. 0; floribus in cymas longe pedunculatas axillares dispositis. (*Asia trop. or.*) — *Vid. p.* 48.

III. ERYTHROXYLEÆ.

6. **Erythroxylon** L. — Flores hermaphroditi, 5- v. rarius 6-meri; sepalis liberis v. ima basi connatis, subvalvatis v. sæpius imbricatis, persistentibus. Petala hypogyna, imbricata v. torta, decidua, intus ligula erecta, forma valde varia, sæpius basi concava et apice lateraliter 2-loba corrugato-plicata, munita. Stamina petalorum numero 2-plo pluria, 2-seriata; filamentis basi in tubum brevem extus nudum v. plus minus glandulosum connatis, ultra liberis annuloque tubi prominulo sæpe cinctis; antheris 2-locularibus, introrsum v. extrorsum rimosis. Germen liberum, 2-4-loculare; loculis 1-3 rudimentariis v. abortivis; ovulo in fertili 1 (rarius 2), descendente; micropyle extrorsum supera, obturatore crassiusculo obtecta; stylis 3, 4, liberis v. plus minus alte connatis, apice stigmatoso capitatis v. clavatis. Fructus drupaceus, sæpius calyce basi cinctus; putamine duro v. papyraceo, 1-spermo; seminis descendentis testa tenui; albumine farinaceo v. carnoso, copioso, parco v. nunc 0; embryonis recti cotyledonibus plano-con-

vexis; radicula tereti supera. — Frutices glabri v. rarius puberuli; foliis alternis simplicibus integris; stipulis intrapetiolaribus (innovationum nunc sæpe imbricatis et aphyllis); floribus in axillis foliorum (nunc in ramentis abortivorum) cymosis v. solitariis. (*Orbis tot. reg. trop. et subtrop.*) — *Vid. p.* 49.

7. **Aneulophus** BENTH. — Flores fere *Erythroxyli;* petalis 5, intus costa prominula percursis, deciduis. Stamina 10 (*Erythroxyli*). Germen 3, 4-loculare; stylis 3, 4, plus minus alte connatis, apice stigmatoso subclavatis; ovulis in loculis singulis 2, collateraliter descendentibus Drupa; putamine 1–4–loculari, 1–4–spermo; seminibus...? — Frutex glaber; foliis oppositis integris; stipulis interpetiolaribus brevibus connatis; floribus axillaribus cymosis; pedicellis gracillimis, basi bracteolatis. (*Africa trop. occ.*) — *Vid. p.* 51.

IV. HOUMIRIEÆ.

8. **Houmiri** AUBL. — Flores regulares hermaphroditi; receptaculo brevi convexo. Sepala 5, libera v. basi connata, imbricata, nunc rarius in calycem alte gamophyllum et brevissime 5-dentatum connata. Petala totidem alterna, contorta v. imbricata, decidua. Stamina 10 – ∞, aut fertilia omnia, aut alternatim sterilia, basi connata v. rarius libera; antheris introrsis, nunc versatilibus; loculis aut majusculis connectivo vix v. plus minus longe apiculatis, aut sæpius minoribus et remote intus ad basin connectivi crasso-carnosi compressi subconici v. subpyramidati adnatis, longitudinaliter rimosis. Germen liberum, disco hypogyno annulari v. cupulari, subintegro truncato, dentato, lobato v. e glandulis linearibus distinctis composito, basi cinctum; loculis 5, alternipetalis, v. rarius 6–8; stylo simplici, apice stigmatoso sæpius leviter dilatato, integro v. minute dentato. Ovula in loculis 1, 2, descendentia; funiculis inæqualibus; micropyle extrorsum supera. Fructus drupaceus; carne sæpe tenui v. coriacea; putamine lignoso v. osseo durissimo, sæpe intus resinoso-lacunoso. Semina in loculis solitaria v. 2-na et in locellis septo obliquo separata; albumine carnoso; embryonis recti radicula supera cotyledonibus sæpius longiore. (*America austr. trop., Africa trop. occ.*) — *Vid. p.* 51.

XXXVIII

TRÉMANDRACÉES

Dans le genre *Tremandra*, qui a donné son nom à cette petite famille, il y avait une espèce assez distincte des autres par ses caractères extérieurs et désignée sous le nom de *T. verticillata* [1] (fig. 98-103). On en a

Platytheca verticillata.

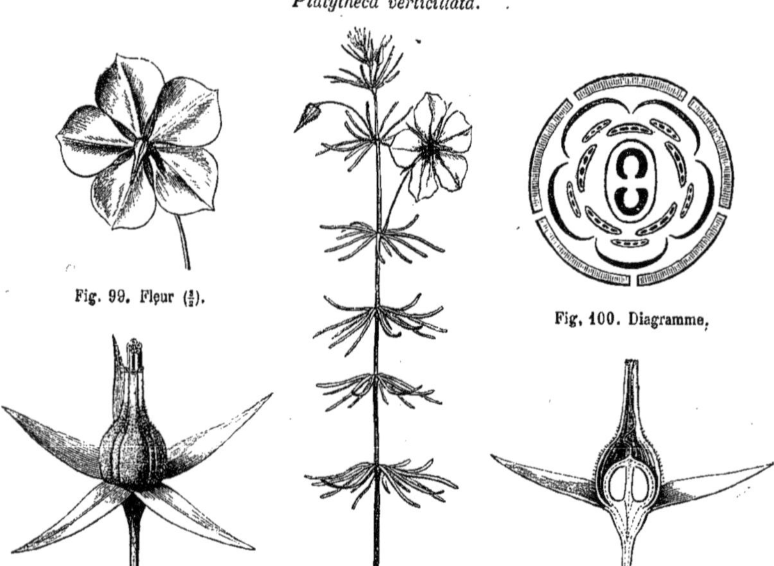

Fig. 99. Fleur (½).

Fig. 100. Diagramme.

Fig. 101. Fleur, sans la corolle.

Fig. 98. Rameau florifère.

Fig. 102. Fleur, sans la corolle, coupe longitudinale antéro-postérieure.

fait, sous le nom de *Platytheca* [2], un genre particulier que l'on peut étudier comme type, attendu qu'il a des fleurs régulières, pentamères, avec deux verticilles à l'androcée. Le réceptacle est convexe; les sépales sont libres, valvaires; les pétales, alternes, valvaires-indupliqués. Des dix étamines hypogynes et libres, cinq sont superposées aux sépales,

1. HUEG., *Par. vindob.*, fasc. 14, t. 73 (ex WALP., *Ann.*, I, 77). — PAYER, *Organog.*, 134, t. 29. — *Tetratheca verticillata* PAXT., in *Mag. of Bot.*, XIII, 171, fig. — *Platytheca galioides* STEETZ, in *Pl. Preiss.*, I, 220. — BENTH., *Fl. austral.*, I, 136. — *P. Crucianella* STEETZ, *op. cit.*, 221. — *P. crassifolia* STEETZ, *op. cit.*, 222.

2. STEETZ, *loc. cit.*, 220. — ENDL., *Gen.*, n. 5644[1]. — LINDL., *Veg. Kingd.*, 374. — B. H., *Gen.*, 134, n. 2. — H. BN, in *Payer Fam. nat.*, 308.

et cinq, plus extérieures, plus petites, aux pétales. Toutes sont formées d'un filet et d'une anthère continue avec lui, déhiscente par un pore apical, situé tout en haut de son sommet allongé en rostre. Il y a quatre logettes à l'anthère, toutes situées dans un même plan vertical [1]. Le gynécée est libre, formé d'un ovaire à deux loges, l'une antérieure et l'autre postérieure, surmonté d'un style grêle, dont l'extrémité tronquée est stigmatifère. Dans l'angle interne de chaque loge se voit un placenta qui supporte un ovule descendant, anatrope, à micropyle extérieur et supérieur [2]. Le fruit est une capsule biloculaire, comprimée, loculicide, puis septicide. Les graines renferment sous leurs téguments un albumen charnu qui entoure un petit embryon axile, à radicule supère. Le seul *Platytheca* connu est un arbuste délicat, originaire de l'Australie, comme toutes les espèces de cette famille. Ses feuilles sont verticillées [3], linéaires; ses fleurs [4] sont axillaires, solitaires et pédonculées.

Platytheca verticillata.

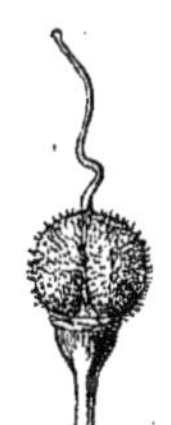

Fig. 103. Gynécée (⁴⁄₁).

Les véritables *Tremandra* [5], dont on connaît deux espèces [6], sont peu distincts des *Platytheca;* toutefois leurs étamines, dont l'anthère est, dit-on, articulée sur le sommet du filet ténu, et seulement à deux loges, sont séparées les unes des autres par les cinq glandes oppositipétales d'un disque en dedans desquelles sont insérées les étamines alternes aux sépales; les cinq autres répondent aux intervalles de ces glandes. Leur graine est pourvue, au niveau de sa région chalazique, d'un appendice charnu en forme de corne arquée ou enroulée en spirale [7], et leurs loges ovariennes sont ordinairement biovulées. Ce sont des arbustes chargés de poils étoilés, à feuilles membraneuses, opposées et dentées.

Les *Tetratheca* [8] ont des fleurs [9] tétramères ou pentamères, rarement trimères. Leur androcée est également diplostémoné; mais les étamines, manifestement disposées à tout âge sur un seul verticille, sont groupées

1. Elles aboutissent supérieurement à un canal étroit qui se dirige suivant la longueur du rostre apical.

2. A double tégument.

3. Le plus souvent au nombre de huit. Au-dessous d'elles, l'axe qui les porte présente un bourrelet circulaire et crénelé.

4. Violacées, assez grandes.

5. R. Br., in *Flind. Voy. App.*, II, 544. — DC., *Prodr.*, I, 344. — Endl., *Gen.*, n. 5645. — B. H., *Gen.*, 134, n. 3. — H. Bn, in *Payer Fam. nat.*, 308.

6. Benth., *Fl. austral.*, I, 136. — Walp., *Ann.*, VII, 242.

7. C'est une production arillaire, de la nature de celles qu'on a nommées strophioles et qui est due à une hypertrophie du tégument extérieur, prenant ici la même forme que dans certaines Ochnacées et dans les Tiliacées néo-calédoniennes du genre *Tricuspidaria*.

8. Sm., *Nov.-Holl.*, I, t. 2; *Exot. Bot.*, I, 27, t. 20-22. — J., in *Mém. Mus.*, I, 387. — Turp., in *Dict. sc. nat.*, Atl., t. 175. — DC., *Prodr.*, I, 343. — Endl., *Gen.*, n. 5644. — Lindl., *Veg. Kingd.*, 374, fig. 260. — Payer, *Organog.*, 137, t. 30. — B. H., *Gen.*, 134, n. 1. — H. Bn, in *Payer Fam. nat.*, 308.

9. Rosées ou pourprées.

par paires qu'enveloppe chaque pétale de ses bords repliés en dedans. Leurs anthères non articulées sont à deux loges ou à quatre logettes disposées sur deux rangées. Leur gynécée, leur fruit et leurs graines arillées sont les mêmes que dans les *Tremandra;* ils ont jusqu'à quatre ovules [1], dans chaque loge et sont généralement dépourvus de disque. On en décrit une vingtaine d'espèces [2], glabres ou glanduleuses, à feuilles alternes, opposées ou verticillées.

On a souvent considéré ce petit groupe [3] comme représentant la forme régulière des Polygalacées [4]; et c'était là l'opinion de R. Brown. D'autres le rapprochent plutôt des Lasiopétalées, auxquelles les vrais *Tremandra* ressemblent en effet beaucoup par leur port, leur feuillage et leurs poils étoilés; mais qui s'en distinguent très-nettement par la préfloraison de la corolle et l'organisation de l'androcée et du gynécée. On a cru aussi remarquer des affinités entre les *Tremandra* et les *Cheiranthera* [5], du groupe des Pittosporées. Les Trémandracées nous semblent pouvoir être placées entre les Polygalacées, d'une part, dont elles ont le gynécée et à peu près l'androcée, et dont elles se séparent par la régularité de leurs fleurs; et, d'autre part, les Linacées, dont elles ont la corolle régulière, l'androcée diplostémoné, le fruit capsulaire, avec même direction des régions de l'ovule, et dont elles s'écartent par leur mode de préfloraison, le nombre moindre des loges ovariennes et la différence de consistance dans l'albumen. Toutes les Trémandracées décrites, au nombre d'une vingtaine, sont australiennes extratropicales; elles n'ont aucune propriété connue. Le *Platytheca verticillata* (fig. 98-103) et plusieurs *Tetratheca* sont recherchés dans nos serres tempérées comme de jolies plantes d'ornement.

1. Dans les espèces du sud-ouest de l'Australie; celles de l'est n'en ont qu'un ou deux. Outre le prolongement chalazique, l'ovule présente un léger épaississement de son exostome, que coiffe souvent un petit obturateur (ainsi qu'il arrive dans les Euphorbiacées). Les ovules peuvent être à peu près collatéraux au nombre de trois. Les graines sont chargées de poils dans les espèces orientales.

2. Labill., *Pl. Nouv.-Holl.*, I, 95, t. 122, 123. — Reichb., *Ic. exot.*, t. 78. — Rudg., in *Trans. Linn. Soc.*, VIII, t. 11. — Endl., in *Hueg. Enum.*, 7. — Hook., *Icon.*, t. 268. — Hook. f., *Fl. tasm.*, t. 7. — Steetz, in *Pl. Preiss.*, I, 212. — Benth., *Fl. austral.*, I, 129. — Lindl., in *Mitch. thr. Exp.*, II, 206; *Sw. Riv. App.*, 38; in *Bot. Reg.* (1844), t. 67. — Walp., *Rep.*, I, 249; V, 68; *Ann.*, II, 87; IV, 241; VII, 241.

3. *Tremandreæ* R. Br., *Gen. Rem.* (1814), 544; *Misc. Works*, ed. Benn., I, 15. — Endl., *Gen.*, 1076, Ord. 232. — DC., *Prodr.*, I, 343, Ord. 19. — B. H., *Gen.*, 133, Ord. 232. — *Tremandraceæ* Lindl., *Veg. Kingd.*, 384, Ord. 132.

4. Il constitue, avec les Polygalacées, la classe des *Polygalineæ* d'Endlicher.

5. Elles sont sans doute plus apparentes que réelles, l'organisation du gynécée étant tout à fait différente, et reposent sur les analogies de forme et de coloration du périanthe. L'androcée des *Cheiranthera* est aussi très-différent de celui des Trémandracées. Pour M. Agardh (*Theor. Syst.*, 190), celles-ci sont encore « des Bertyacées (Euphorbiacées) plus parfaites. »

GENERA

1. **Platytheca** Steetz. — Flores hermaphroditi regulares; receptaculo brevi convexo. Sepala 5, valvata. Petala 5, alterna libera, induplicato-valvata, patentia, decidua. Stamina 10, 2-seriata; exterioribus 5, oppositipetalis minoribus; filamentis brevibus liberis; antheris cum filamento continuis, 1-seriatim 4-locellatis, apice in rostrum 1-porosum attenuatis. Germen liberum, 2-loculare; stylo integro tenui, apice stigmatoso truncato; ovulo in loculis solitario descendente; micropyle extrorsum supera. Fructus capsularis, loculicide et septicide 4-valvis. Semina descendentia glabra; albumine carnoso v. subcartilagineo; embryonis axilis plus minus elongati radiculà supera; cotyledonibus semiteretibus. — Fruticulus debilis; ramis herbaceis; foliis verticillatis ericoideis exstipulaceis; ramo sub insertione incrassàto; floribus axillaribus solitariis pedunculatis. (*Australia austro-occ.*) — *Vid. p.* 67.

2. **Tremandra** R. Br. — Flores (fere *Platythecæ*) 5-meri; staminibus 10, 2-seriatis; minoribus 5, glandulis disci totidem oppositipetalis interioribus; filamentis filiformibus; antheris « articulatis », 2-locularibus, poro apicali subvalvatim dehiscentibus. Germen 2-loculare; loculis 1, 2-ovulatis. Capsula loculicide 2-valvis; seminibus arillo strophioliformi ad chalazam cochleato-contorto instructis. Cætera *Platythecæ*. — Frutices stellato-tomentosi; foliis oppositis ovatis dentatis; floribus axillaribus solitariis. (*Australia austro-occ.*) — *Vid. p.* 68.

3. **Tetratheca** Sm. — Flores (fere *Platythecæ*) 4, 5-meri, rarius 3-meri; staminibus petalorum numero 2-plo pluribus, 1-seriatis, per paria petalis oppositis; antheris 2-locularibus v. 2-seriatim 4-locellatis. Gynæceum *Platythecæ*; stylo apice integro v. 2-fido; ovulis in loculis 1-4, descendentibus. Fructus, semina cæteraque *Tremandræ*. — Fruticuli glabri v. glanduloso-pilosi; foliis alternis, oppositis v. verticillatis, ericoideis v. planis, nunc subnullis; floribus axillaribus solitariis. (*Australia extratrop.*) — *Vid. p.* 68.

XXXIX

POLYGALACÉES

I. SÉRIE DES POLYGALA.

Les Laitiers[1] (fig. 104-106) ont les fleurs irrégulières et hermaphrodites. Leur réceptacle convexe supporte, de bas en haut, le calice, la

Polygala oppositifolia.

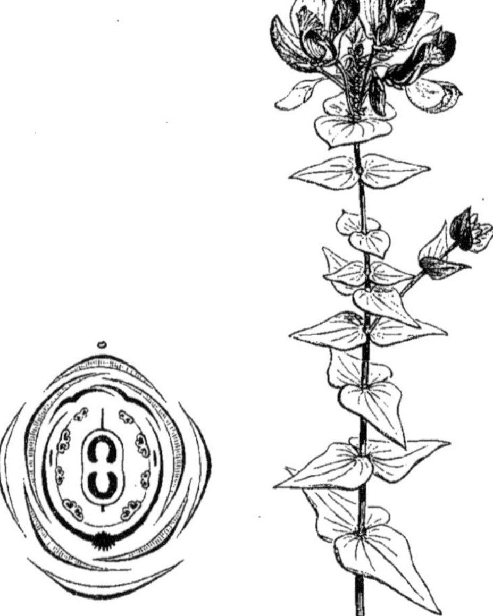

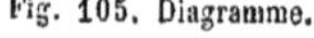

Fig. 105. Diagramme. Fig. 104. Rameau florifère. Fig. 106. Fleur, coupe longitudinale ($\frac{4}{1}$).

corolle, l'androcée et le gynécée. Le calice est formé de cinq pièces fort dissemblables, imbriquées en préfloraison quinconciale. Les sépales 1,

1. *Polygala* T., *Inst.*, 174, t. 79. — L., *Gen.*, n. 851. — ADANS., *Fam. des pl.*, II, 358. — J., *Gen.*, 99. — LAMK, *Dict.*, V, 485 ; Suppl., IV, 474 ; *Ill.*, t. 598. — DC., *Prodr.*, I, 321. — TURP., in *Dict. sc. nat.*, Atl., t. 174. — A. S. H. et MOQ., in *Mém. Mus.*, XVII, 915, t. 27, 28 ; XIX, 326. — SPACH, *Suit. à Buffon*, XII, 117. — ENDL., *Gen.*, n. 5647. — PAYER, *Organog.*, 139, t. 31. — A. GRAY, *Gen. ill.*, t. 183, 184. — B. H., *Gen.*, 136, 974, n. 2.

2 et 3 (ces deux derniers souvent extérieurs) sont peu développés, ordinairement verdâtres, foliacés. Les sépales 4 et 5, au contraire, recouverts dans le bouton, bien plus grands, insymétriques, colorés, pétaloïdes, sont rejetés en dehors de chaque côté de la fleur épanouie, et constituent ainsi ce qu'on appelle les ailes. La corolle n'est pas moins irrégulière. Elle est formée de cinq pétales très-inégaux, imbriqués dans le bouton de telle façon (fig. 105) que les deux postérieurs recouvrent l'inférieur, ordinairement bien plus grand que les autres. Celui-ci prend le nom de carène, à cause de sa forme même ; il est concave, conformé en nacelle, en casque, en capuchon ; son sommet est entier, bi- ou trilobé, et il porte souvent vers son extrémité une crête dorsale lobée ou divisée d'une façon variable. Les pétales postérieurs sont petits, étroits, souvent réduits à de petites écailles ou languettes simples ou bilobées ; ils peuvent même manquer tout à fait ; et c'est ce qui arrive plus souvent encore pour les deux pétales latéraux, lesquels, lorsqu'ils existent (ce qui est rare), sont presque toujours plus petits encore que les pétales postérieurs qui les recouvrent dans le jeune bouton et auxquels ils peuvent demeurer unis dans une étendue variable. L'androcée est formé de huit étamines, placées quatre de chaque côté de la fleur. Leurs filets sont ordinairement monadelphes et unis aux pétales dans une étendue très-variable de leur portion inférieure ; et la gaîne qu'ils forment est fendue suivant sa longueur du côté postérieur de la fleur. Plus haut, les filets constituent dans une étendue variable deux faisceaux ; après quoi chacun d'eux devient libre et se termine par une anthère introrse, à deux loges plus ou moins complètes, déhiscente par une ouverture apicale, de forme variable, unique ou plus ou moins dédoublée. Des poils, en nombre variable, garnissent souvent le sommet et surtout la base de l'anthère[1]. Le gynécée est libre. Accompagné à sa base d'un disque glanduleux peu prononcé, souvent irrégulier, il se compose d'un ovaire comprimé sur les côtés et surmonté d'un style dont le sommet stigmatifère s'incline vers le sépale 2, se coude et se dilate, au niveau et au-dessus de sa surface papilleuse, en deux ou quatre lobes de forme et de taille très-variables[2]. L'ovaire est à deux loges, antérieure et postérieure,

— H. Bn, in *Payer Fam. nat.*, 309. — Schnizl., *Iconogr.*, t. 233. — Lem. et Dcne, *Tr. gén.*, 329 (incl. : *Badiera* DC., *Brachytropis* DC., *Chamæbuxus* DC., *Epirhizanthes* Bl., *Isolophus* Spach, *Phylace* Nor., *Psychanthus* DC., *Salomonia* Lour., *Semeiocardium* Hassk., *Senega* DC., *Tricholophus* Spach).

1. Le pollen est, dans les Polygalacées, d'après H. Mohl (in *Ann. sc. nat.*, sér. 2, III, 326), « sphérique, en forme de baril, ou cylindrique, avec un assez grand nombre de plis longitudinaux ; dans l'eau, sphérique avec des bandes étroites qui contiennent un ombilic (*Comesperma compactum*, douze bandes ; *Mundtia spinosa*, douze ou treize ; *Monnina xalapensis*, quinze ; *Polygala Chamæbuxus*, seize ; *P. myrtifolia*, vingt-deux, aussi vingt et une, ou vingt-trois). »

2. Presque constamment le lobe postérieur

séparées par une étroite cloison qui supporte dans chaque loge un seul ovule descendant, anatrope, à micropyle tourné en haut et en dehors[1]. Le fruit, ordinairement accompagné du calice persistant, est une capsule loculicide, comprimée, de forme variable[2], dont les graines descendantes contiennent ordinairement sous leurs téguments un embryon accompagné ou non d'un albumen charnu, plus ou moins abondant. L'exostome présente une excroissance arillaire entière ou lobée. Les Laitiers sont des arbustes, des sous-arbrisseaux ou des herbes. Leurs feuilles sont alternes, plus rarement opposées ou même verticillées, simples, entières ou à peu près, sans stipules. Leurs fleurs[3] sont réunies en grappes simples ou plus rarement composées, ou en épis, parfois courts et capituliformes, quelquefois pauciflores. Chacune d'elles est insérée dans l'aisselle d'une bractée, accompagnée de deux bractéoles latérales, et souvent articulée à sa base.

Dans les *P. diversifolia*[4] et *Penæa*[5], espèces ligneuses des Antilles, dont les inflorescences sont axillaires, les sépales latéraux ne sont pas beaucoup plus grands que les autres, et les pétales extérieurs sont un peu plus développés que ceux des autres *Polygala*, dont on les a, pour cette raison, distingués génériquement, sous le nom de *Badiera*[6]. A l'ovaire, supporté par un pied court, succède un fruit dont une des loges prend souvent peu de développement[7].

Dans certaines autres espèces, dont on a fait le genre *Chamæbuxus*[8], les graines ont peu ou pas d'albumen, et les cotylédons deviennent épais, plan-convexes; il y a, à cet égard, toutes les transitions possibles. D'autres, comme le *P. glaucescens* de l'Inde, ont des sépales caducs[9].

est bien plus développé que l'intérieur, parfois étalé en lame, plan ou concave, fimbrié, etc.

1. Il a double enveloppe, et déjà son exostome s'épaissit plus ou moins irrégulièrement.

2. Ordinairement comprimé, ovale, obovale ou orbiculaire, ou didyme, souvent émarginé, membraneux ou quelquefois coriace, à loges parfois inégales, plus étroites et plus minces, moins charnues l'une que l'autre, notamment dans les *Badiera*.

3. Blanches, jaunes, roses, violacées ou pourprées, plus rarement bleues.

4. L., *Amœn.*, II, 140. — P. Br., *Jam.*, t. 5, fig. 3, 4.

5. L., *loc. cit.* — Plum., *Amer.* (ed. Burm.), t. 214, fig. 1.

6. DC., *Prodr.*, I, 334. — Deless., *Ic. sel.*, III, t. 21. — A. S. H. et Moq., in *Mém. Mus.*, XVII, 351, t. 29, fig. 1. — Endl., *Gen.*, n. 5648. — Griseb., *Fl. brit. W.-Ind.*, 29. — B. H., *Gen.*, 137, n. 3 (nec Hassk.). — *Penæa* Plum., *Gen.*, 22, t. 25 (nec L.).

7. Peut-être conviendrait-il de placer dans le même genre que les *Badiera* américains l'*Acanthocladus* (Kl., in *Pl. Sellow. exs.*, ex Hassk., in *Ann. Mus. lugd.-bat.*, I, 184; — B. H., *Gen.*, 974, n. 6 *a*), genre proposé pour le *Mundia brasiliensis* (A. S. H., *Fl. Bras. mer.*, II, 57, t. 92; — Walp., *Rep.*, I, 245), plante qui a des rameaux spinescents, le feuillage des *Badiera*, la fleur de certains *Polygala*, et, dit-on, une capsule comprimée, subdidyme, déhiscente suivant les bords, organisée en somme comme celle des Laitiers.

8. Dillen., *Nov. gen.*, t. 9. — DC., *Prodr.*, I, 331 (*Polygalæ* sect. 7). — Spach, *Suit. à Buffon*, XII, 125. — Hassk., in *Ann. Mus. lugd.-bat.*, I, 152. — *Badiera* Hassk., *Hort. bogor.*, 227 (nec DC.). — *Phylace* Nor., mss. (ex Hassk., *loc. cit.*). — Walp., *Rep.*, V, 64.

9. On a proposé d'en faire un genre *Semeiocardium* (Zoll., in *Nat. Tijds. Ned. Ind.*, XVII, ex Hassk., *loc. cit.*, I, 155). — B. H., *Gen.*, 974.

D'autres encore, comme le *P. triphylla*, ont les sépales moins inégaux, et le nombre de leurs étamines descend parfois jusqu'à six. C'est pour cela qu'on peut considérer comme une simple section du genre *Polygala*, les *Salomonia*[1], petites espèces asiatiques herbacées, qui ont les sépales peu inégaux et quatre ou, plus rarement, cinq ou six étamines, et dont quelques-unes sont parasites, décolorées, à feuilles squamiformes[2].

Ainsi compris, ce genre renferme environ deux cents espèces[3], originaires de toutes les parties du monde, plus abondantes dans les pays chauds et tempérés, rares toutefois en Australie, où le genre est borné à la région tropicale.

A côté des *Polygala* se placent plusieurs genres très-voisins qui, pour

Muraltia Heisteria.

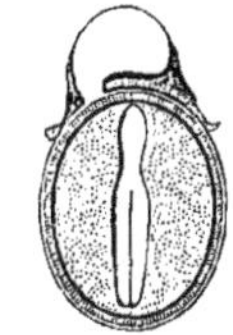

Fig. 108. Graine ($\frac{5}{1}$). Fig. 107. Fruit déhiscent ($\frac{4}{1}$). Fig. 109. Graine, coupe longitudinale.

la plupart, n'en avaient pas été primitivement détachés et qui en ont l'organisation florale générale. Ce sont : les *Phlebotænia*, arbustes des

1. LOUR., *Fl. cochinch.*, 14. — DC., *Prodr.*, I, 333. — A. S. H. et MOQ., in *Mém. Mus.*, XVIII, t. 29, fig. 3; XIX, 330. — DELESS., *Ic. sel.*, III, t. 19. — WIGHT, *Ill.*, t. 22. — ENDL., *Gen.*, n. 5646. — B. H., *Gen.*, 136, n. 1. — H. BN, in *Payer Fam. nat.*, 310.

2. On en a fait le genre *Epirhizanthes* (BL., *Cat. Hort. Buit.*, 25. — DC., *Prodr.*, XI, 44. — MIQ., *Fl. ind.-bat.*, I, p. II, 127, t. 15. — HOOK. F., in *Trans. Linn. Soc.*, XXIII, 158. — WALP., *Ann.*, VII, 243).

3. JACQ., *Fl. austr.*, t. 233, 412, 413. — AUBL., *Guian.*, t. 225. — H. B. K., *Nov. gen. et spec.*, V, t. 506-512. — A. S. H., *Fl. Bras. mer.*, II, 5, t. 83-89. — DELESS., *Ic. sel.*, III, t. 15-19, 21. — WIGHT, *Icon.*, t. 67, 946. — THW., *Enum. pl. Zeyl.*, 22, 400. — HOOK. F., *Fl. brit. Ind.*, I, 200-207; in *Trans. Linn. Soc.*, XXIII, 158 (*Salomonia*). — BENTH., *Fl. hongk.*, 43, 44; *Fl. austral.*, I, 138. — HARV. et SOND., *Fl. cap.*, I, 80. — GRISEB., *Fl. brit. W.-Ind.*, 27. — A. GRAY, *Man.*, ed. 5, 120. — CHAPM., *Fl. S. Unit. St.*, 82. — C. GAY, *Fl. chil.*, I, 234. — MIQ., *Fl. ind.-bat.*, I, p. II, 127, t. 5 (*Epirhizanthes*). — HASSK., in *Ann. Mus. lugd.-bat.*, I, 155. — TR. et PL., in *Ann. sc. nat.*, sér. 4, XVII, 129. — OLIV., *Fl. trop. Afr.*, I, 125. — BOISS., *Fl. or.*, I, 468. — REICHB., *Ic. Fl. germ.*, XVIII, t. 1345-1351. — GREN. et GODR., *Fl. de Fr.*, I, 194. — WALP., *Rep.*, I, 231; II, 768; V, 63; *Ann.*, I, 73; II, 79; IV, 237; VII, 243.

Antilles, dont les pétales latéraux sont indépendants de la carène, les supérieurs étant plus courts qu'elle. Leurs sépales latéraux forment deux grandes ailes, et leur fruit capsulaire a deux loges, bordées chacune de deux ailes verticales, bien plus développées à la loge postérieure; les *Muraltia* (fig. 107-109), plantes de l'Afrique australe, dont les sépales sont peu inégaux, les étamines au nombre de sept ou huit, et le fruit capsulaire, surmonté de quatre cornes ou saillies; les *Mundtia*, originaires du même pays, dont les sépales latéraux sont plus grands que les autres, et dont le fruit est drupacé; les *Monnina*, de l'Amérique tropicale, dont les sépales latéraux sont dilatés en ailes, les pétales supérieurs connés avec le tube staminal en dedans de la carène, l'ovaire réduit le plus souvent à une loge, par arrêt de développement de la postérieure, et le fruit uniloculaire, drupacé ou sec, marginé ou ailé sur les bords. Les *Comesperma* ont les sépales ordinairement caducs, et les pétales latéraux unis avec la carène dans les espèces australiennes du genre, et libres ou à peu près dans celles qui appartiennent à l'Amérique du Sud, et qu'on a nommées *Bredemeyera;* leur fruit capsulaire, longuement atténué en coin à sa base, renferme des graines chargées de longs poils, formant d'ordinaire un grand pinceau descendant dans la base des loges. Dans les *Securidaca*, à une fleur de *Polygala* succède un fruit uniloculaire, samaroïde, surmonté d'une longue aile membraneuse, nervée, parfois large et trapue; ce sont des arbustes, ordinairement grimpants, des régions tropicales des deux mondes.

Dans les *Carpolobia* et les *Trigoniastrum*, considérés par la plupart des auteurs comme des genres anormaux, mais cependant inséparables de cette famille, les pétales sont moins inégaux que dans les genres précédents. Dans les premiers, originaires de l'Afrique tropicale occidentale, ils sont unis en une corolle gamopétale, fendue supérieurement; les sépales latéraux sont développés en ailes; les étamines sont au nombre de cinq, et le fruit est drupacé. Dans les derniers, qui appartiennent à la Malaisie, les sépales sont peu inégaux, les pétales presque indépendants, les étamines au nombre de cinq, et à l'ovaire triloculaire succède un fruit sec, à trois ailes, se séparant définitivement en trois carpelles samaroïdes.

II. SÉRIE DES XANTHOPHYLLUM.

Les fleurs des *Xanthophyllum* [1] (fig. 110-112) sont extérieurement analogues à celles des Polygalées, quoique leurs cinq sépales et leurs pétales imbriqués soient généralement moins inégaux entre eux. Leur carène cymbiforme est entière. Les étamines sont au nombre de huit;

Xanthophyllum flavescens.

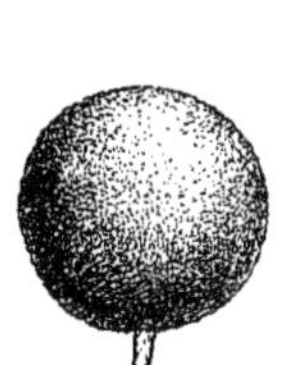

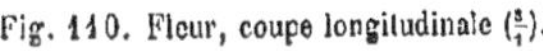

Fig. 111. Fruit. Fig. 110. Fleur, coupe longitudinale ($\frac{5}{1}$). Fig. 112. Embryon ($\frac{2}{1}$).

elles sont composées de filets libres, ou unis dans une étendue variable entre eux ou avec les pétales, et d'anthères biloculaires, introrses, déhiscentes par des fentes courtes. Ces étamines sont placées comme celles des Laitiers. Le gynécée, entouré d'un disque circulaire, plus ou moins épais, est formé d'un ovaire supère, uniloculaire, atténué supérieurement en un style arqué dont le sommet renflé est chargé de papilles stigmatiques. Dans l'ovaire, il y a deux placentas pariétaux latéraux, plus ou moins proéminents, portant chacun de deux à six ovules, d'abord descendants, puis plus ou moins obliques dans tous les sens, anatropes, avec le micropyle ramené constamment vers le placenta. Le fruit est une baie coriace, renfermant une ou un petit nombre de graines dont les téguments recouvrent un embryon épais, avec ou sans albumen, des cotylédons charnus et une courte radicule non saillante. Les *Xanthophyllum*, que l'on peut définir : des Polygalacées à placentas pariétaux pluriovulés et à fruit charnu [2], sont des arbres et arbustes de

1. ROXB., *Pl. coromand.*, III, 82, t. 24 ; *Fl. ind.*, II, 221. — ENDL., *Gen.*, n. 5657. — PAYER, *Fam. nat.*, 109. — B. H., *Gen.*, 139, 974, n. 13. — *Jackia* BL., *Bijdr.*, 60 (nec WALL.). — *Macintyria* F. MUELL., *Fragm. Phyt. Austral.*, V, 8, 57.

2. Peut-être faudrait-il comprendre dans cette série, dont les caractères devraient dans ce cas être modifiés, les *Moutabea* (AUBL., *Guian.*, 679, t. 274 ; — J., *Gen.*, 420 ; — ENDL., *Gen.*, n. 4265 ; — MART., *Fl. bras.*, *Ebenac.*, 13, t. 5, 6 ; — B. H., *Gen.*, 140, n. 14 ; — *Crypto-*

l'Asie et de l'Australie tropicales. Leurs feuilles [1] sont alternes, coriaces, glabres, souvent entières; et leurs fleurs sont disposées en grappes axillaires, supra-axillaires ou terminales, simples ou ramifiées et plus ou moins composées. On en connaît sept ou huit espèces [2].

III. SÉRIE DES KRAMERIA.

Les fleurs des *Krameria* [3] (fig. 113-123) diffèrent de celles de tous les genres de cette famille en ce qu'elles sont résupinées; elles sont d'ailleurs hermaphrodites et irrégulières. Leur réceptacle convexe porte un calice qui a quelquefois cinq sépales (fig. 122); ils sont imbriqués d'une façon un peu variable, mais l'un d'eux, qui est antérieur, enveloppe constamment les deux latéraux, tandis que des deux postérieurs sont ordinairement l'un tout à fait enveloppant, et l'autre tout à fait enveloppé. Mais plus souvent il n'y a que quatre sépales, l'antérieur ne cessant d'être enveloppant, et le postérieur recouvrant aussi les deux latéraux; c'est donc le cinquième, tout à fait intérieur, qui disparaît. La corolle n'est représentée qu'au côté postérieur de la fleur, soit par trois pétales, dont un médian est recouvert dans le bouton par les deux latéraux (fig. 119, 122), soit par deux folioles seulement. Elles sont, ou à peu près libres, ou unies par un support commun, de longueur va-

stomum SCHREB., *Gen.*, n. 344; — *Acosta* R. et PAV., *Prodr.*, I, t. 1; *Fl. per.*, I, 5, t. 6, fig. *a*; — *Cryptostemon* W., *Spec.*, II, 106; — *Montabea* PŒPP. et ENDL., *Nov. gen. et spec.*, II, 62, t. 168), dont les fleurs pentamères ont des sépales et des pétales un peu inégaux, imbriqués, avec un androcée de Polygalée, formé d'un tube fendu en arrière et dont l'ouverture supérieure oblique supporte huit anthères biloculaires, introrses, déhiscentes, par une fente courte, oblique, en deux valves inégales. Mais toutes les parties du périanthe et de l'androcée y sont supportées par un long tube commun dont la nature est incertaine, et au fond duquel se voit un ovaire libre, à 2-5 loges, surmonté d'un style grêle, aplati, à sommet stigmatifère irrégulièrement dilaté. Dans l'angle interne de chaque loge se voit un seul ovule descendant, incomplétement anatrope, à micropyle extérieur et supérieur. Le fruit, globuleux et charnu, analogue à celui des *Xanthophyllum*, renferme une ou plusieurs graines nichées dans sa pulpe et dont les téguments minces recouvrent un grand embryon charnu, à cotylédons plan-convexes, transversalement oblongs, avec une courte radicule peu saillante et une gemmule à folioles nombreuses, répondant au milieu d'un des grands bords des cotylédons. Les *Moutabea*, dont on décrit cinq espèces, toutes de l'Amérique tropicale, sont des arbres glabres, à feuilles alternes, simples, allongées, épaisses, coriaces (jaunâtres sur le sec), et à fleurs (blanches ou jaunes) disposées en grappes ou en épis courts.

1. Elles ont ordinairement une teinte jaunâtre.

2. NEES, in *Flora* (1825), 120. — WIGHT et ARN., *Prodr.*, I, 39. — THW., *Enum. pl. Zeyl.*, 23. — WIGHT, *Ill.*, t. 23. — MIQ., *Fl. ind. bat.*, I, p. II, 128; in *Ann. Mus. lugd.-bat.*, I, 271, 317. — HOOK. F., *Fl. brit. Ind.*, I, 208. — WALP., *Rep.*, IV, 248; *Ann.*, VII, 254.

3. LŒFL., *It.*, 195. — L., *Gen.*, n. 161. — ADANS., *Fam. des pl.*, II, 268. — J., *Gen.*, 425; in *Mém. Mus.*, I, 390. — LAMK, *Dict.*, III, 370; Suppl., III, 226. — DC., *Prodr.*, I, 341. — SPACH, *Suit. à Buffon*, III, 150. — ENDL., *Gen.*, n. 5656. — A. GRAY, *Gen. ill.*, t. 185, 186. — B. H., *Gen.*, 140, n. 15. — SCHNIZL., *Iconogr.*, t. 233. — O. BERG, in *Bot. Zeit.* (1856), 745. — H. BN, in *Adansonia*, XI, 14, t. 3.

riable. Les étamines sont aussi insérées au côté postérieur. Il y en a quelquefois cinq, dont une médiane et deux latérales, ou trois seulement, dont une médiane, un peu plus courte que les autres (fig. 118-121),

Krameria cistoides.

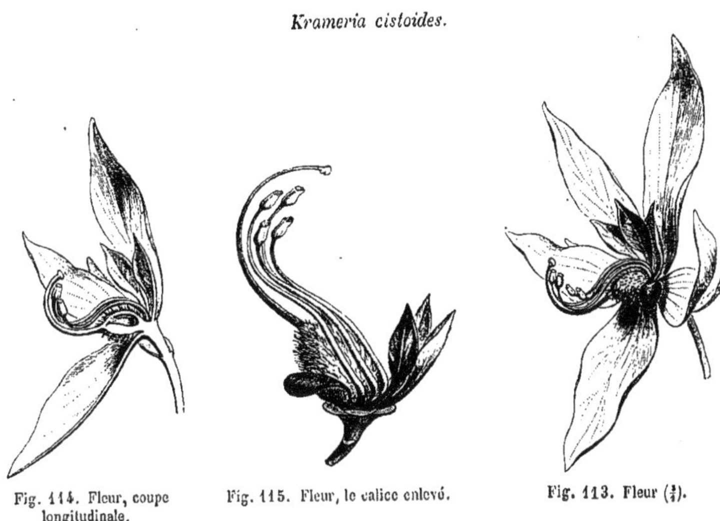

Fig. 114. Fleur, coupe longitudinale.

Fig. 115. Fleur, le calice enlevé.

Fig. 113. Fleur ($\frac{3}{1}$).

ou encore quatre, dont deux antérieures, plus longues à l'âge adulte que les deux postérieures (fig. 113-115, 122, 123). De même que les pétales, les pièces de l'androcée sont libres ou unies entre elles par

Krameria triandra.

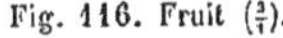

Fig. 116. Fruit ($\frac{2}{1}$).

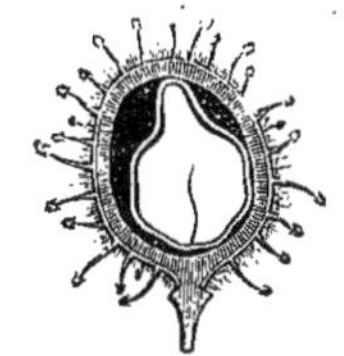

Fig. 117. Fruit, coupe longitudinale.

une portion basilaire commune, unie aussi à la base de la corolle. Chaque étamine est d'ailleurs composée d'un filet et d'une anthère basifixe, à deux loges latérales, déhiscente au sommet par une sorte de large pore en entonnoir, à bords plus ou moins déchiquetés, au fond duquel viennent s'ouvrir les deux loges. Le gynécée est libre et supère, formé d'un ovaire primitivement à deux loges, l'une antérieure et l'autre postérieure; mais cette dernière s'arrête de très-bonne heure dans son développement[1]. En avant de l'ovaire se voit à droite et à gauche une grosse glande hypogyne, épaisse, charnue, rayée ou réticulée sur sa surface extérieure; ces deux organes ont été généralement considérés

Krameria triandra.

Fig. 118. Fleur.

Fig. 119. Diagramme.

Fig. 120. Fleur, coupe longitudinale.

comme deux pétales antérieurs modifiés[2]. L'ovaire est surmonté d'un style en forme de cône allongé et creux, à extrémité stigmatifère à peine

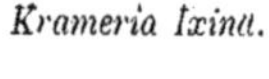

Krameria Ixina. *Krameria triandra.* *Krameria secundiflora.*

Fig. 123. Diagramme.

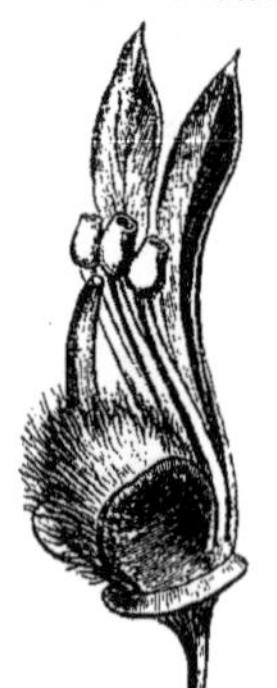

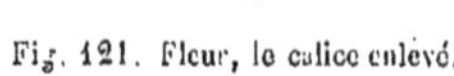

Fig. 121. Fleur, le calice enlevé.

Fig. 122. Diagramme.

renflée; dans sa loge unique, il présente un placenta vertical postérieur, plus ou moins saillant, et portant dans sa partie supérieure deux ovules descendants, collatéraux, anatropes, à micropyle dirigé en haut et en

1. Voy. H. Bn, in *Adansonia*, XI, 18.

2. Mais ils naissent après le gynécée.

dehors[1]. Le fruit est sec, à peu près globuleux, indéhiscent, tout hérissé en dehors d'aiguillons roides, à sommet armé de pointes réfléchies; ce qui leur donne l'apparence de petits harpons. La graine unique contient sous ses téguments un gros embryon charnu dont les cotylédons plan-convexes se prolongent à leur base autour de la radicule supère qu'ils entourent d'un étui incomplet. Les *Krameria* sont tous des plantes frutescentes des régions tropicales des deux Amériques. Leur racine épaisse, trapue, ligneuse, souvent riche en matière colorante, est surmontée d'une petite tige, bientôt ramifiée; et les branches portent des feuilles alternes, chargées d'un duvet blanchâtre. Elles n'ont pas de stipules et sont le plus souvent simples et entières. Toutefois, dans une espèce mexicaine, le *K. cytisoides*[2], elles sont en partie composées et à trois folioles articulées à la base. Les fleurs sont solitaires, ordinairement supportées par un pédoncule plus ou moins long, qui, à une hauteur variable, et quelquefois tout près du calice, porte deux bractéoles latérales stériles. On a décrit dans ce genre environ vingt-cinq espèces[3], leur nombre nous semble devoir être réduit de moitié.

La famille des Polygalacées est très-naturelle, à part un ou deux genres; elle a été établie par A. L. de Jussieu en 1815[4]. Jusque-là les *Polygala* avaient été placés par lui parmi les Pédiculaires[5], tandis qu'Adanson, reconnaissant beaucoup mieux leurs véritables affinités, les avait fait rentrer dans sa famille des Tithymales[6]. Jussieu connaissait six des genres que nous avons conservés comme distincts, et il leur adjoignait les *Tetratheca*. De Candolle[7] admit en 1824 la famille telle que Jussieu l'avait faite, en lui adjoignant les *Securidaca*, plus le *Soulamea*, qui appartient aux Rutacées-Quassiées[8]. De 1828 à 1830, A. S.-Hilaire et Moquin, dans leurs deux *Mémoires sur la famille des Polygalées*[9], ajoutèrent aux types précédents le *Mundtia* de Kunth[10]

1. Ils ont deux enveloppes. Souvent leur court funicule présente une légère torsion, telle que le micropyle est porté tout à fait sur le côté ou devient même un peu postérieur, le point d'insertion ne variant pas.

2. Cav., *Ic. rar.*, IV, 60, t. 390. — DC., *Prodr.*, n. 7. — H. Bn, in *Adansonia*, XI, 16.

3. R. et Pav., *Prodr.*, t. 3; *Fl. per.*, I, t. 93, 94. — Hook. et Arn., *Beech. Voy.*, *Bot.*, 8, t. 5. — A. S. H., *Fl. Bras. mer.*, II, 72, t. 97. — Griseb., *Fl. brit. W.-Ind.*, 30. — Chapm., *Fl. S. Unit. St.*, 86. — Torr., in *Emor. Rep.*, *Bot.*, t. 13. — C. Gay, *Fl. chil.*, I, 342. — Tr. et Pl., in *Ann. sc. nat.*, sér. 4, XVII, 144. — Walp., *Rep.*, I, 247; V, 67; *Ann.*, I, 76; IV, 240; VII, 255.

4. In *Mém. Mus.*, I, 385 (*Polygaleæ*).

5. *Gen.* (1789), 99.

6. *Fam. des pl.*, II (1763), 358.

7. *Prodr.*, I, 321, Ord. 18.

8. Voy. vol. IV, 413, 501.

9. In *Mém. Mus.*, XVII, 315; XIX, 305.

10. *Nov. gen. et spec.*, I (1815).

et étudièrent en détail les caractères des divers genres. Depuis lors, le cadre de cette famille ne fut guère modifié; et en 1862 MM. BENTHAM et HOOKER, dans leur *Genera*, n'eurent à y faire rentrer que l'ancien genre *Moutabea* d'AUBLET [1], rapporté précédemment aux Ébénacées, le *Xanthophyllum* de ROXBURGH [2], que son mode de placentation avait jusque-là éloigné de ce groupe, le *Carpolobia* de DON [3], longtemps mal connu, et le genre *Phlebotænia* que venait d'établir M. GRISEBACH [4]. En réduisant d'ailleurs à l'état de simples sections plusieurs des genres conservés par ces auteurs, nous n'en trouvons plus que douze, groupés en trois séries, dont voici les caractères distinctifs.

I. POLYGALÉES. — Fleurs irrégulières. Ovaire à deux loges, ou à une seule, par avortement de la postérieure (rarement à trois loges). Un seul ovule descendant, inséré dans l'angle interne de chaque loge. Fruit sec ou charnu. Embryon pourvu ou dépourvu d'albumen. — 9 genres.

2. XANTHOPHYLLÉES. — Fleurs irrégulières (de Polygalée). Ovaire uniloculaire, à placentas pariétaux. Ovules 2-∞. Fruit charnu. Embryon pourvu ou dépourvu d'albumen. — 1 genre [5].

3. KRAMÉRIÉES. — Fleurs irrégulières, résupinées. Pétales 3, 4, postérieurs. Étamines 3-5, postérieures. Ovaire uniloculaire (par avortement), garni de deux grosses glandes antéro-latérales. Loge unique (antérieure) à deux ovules descendants, collatéraux. Fruit sec, indéhiscent et monosperme. Embryon dépourvu d'albumen. — 1 genre.

On compte environ cinq cent vingt espèces de Polygalacées. Toutes celles de la série des Kramériées sont américaines, et toutes celles du genre *Xanthophyllum* appartiennent à l'Asie et à l'Océanie tropicales. Dans la série des Polygalées, qui à elle seule comprend cinq cents espèces environ, il y a les trois cinquièmes qui appartiennent à l'Amérique: les genres *Phlebotænia* et *Monnina* lui sont exclusifs, tandis que les *Muraltia* et *Mundtia*, au nombre d'une cinquantaine, sont relégués dans l'Afrique australe; les deux *Carpolobia* connus, dans l'Afrique tropicale occidentale; et le *Trigoniastrum*, en Malaisie. Les *Comesperma* proprement dits sont tous australiens, et ceux de la section *Bredemeyera* appartiennent à l'Amérique tropicale. Les *Polygala* et les *Secu-*

1. *Guian.* (1775).
2. *Pl. coromand.*, III (1819).
3. *Gen. Syst.*, I (1831).
4. In *Pl. Wright. cub.* (1861).
5. Ou deux, si l'on rapporte aussi le *Moutabea* à cette série dont la caractéristique devra alors être quelque peu modifiée, la placentation des *Moutabea* étant réellement axile.

ridaca sont communs aux deux mondes, ces derniers à leurs régions chaudes seulement[1].

Les Polygalacées ont été jugées si analogues aux Trémandracées par certains auteurs, qu'ils ont considéré les premières comme la forme irrégulière des dernières. Cela est vrai surtout pour le gynécée, qui a, dans les deux groupes, presque constamment le même nombre de loges, avec un ovule dont les régions sont dirigées de même; mais le périanthe est bien différent dans les Trémandracées et plus analogue à celui de certaines Malvacées (Lasiopétalées), dont on les a aussi rapprochées. Toutefois il nous semble que les Trémandracées et les Polygalacées ne sauraient être rangées que tout près les unes des autres. Par là les dernières affectent des affinités avec les Géraniacées et les Linacées, dont elles se distinguent, avant tout, par la carène antérieure de leur fleur et par l'organisation de leur androcée. D'autre part, elles ont, comme les Linacées, les ovules et les graines des Euphorbiacées, et le même gynécée dans certains cas. On se fera une idée de ces rapports en comparant les Polygalacées, plantes à suc souvent laiteux, d'une part aux fleurs irrégulières des *Pedilanthus*, et d'autre part aux types irréguliers des Chaillétiées, tels que les *Tapura*, dont la ressemblance avec les *Moutabea* est considérable. On a dit encore et avec raison qu'il y a une grande analogie entre les Polygalacées et les Sapindacées; ces dernières se distinguent facilement par la situation de leur disque, extérieur à l'androcée, la symétrie de celui-ci, différente de celle des Polygalacées, et par la direction des régions des ovules, quand ces derniers sont en nombre défini. Les Violacées ne pourraient être confondues qu'avec les Xanthophyllées qui, seules parmi les Polygalacées, ont les placentas pariétaux; mais les premières ont l'androcée isostémoné, les étamines dissemblables quand la fleur est aussi irrégulière que celle des Xanthophyllées, et, dans un fruit souvent capsulaire, des graines arillées. Enfin les Kramériées, par leur fleur résupinée, ont de l'analogie avec les Légumineuses dont on les a maintes fois rapprochées; mais ce sont des rapports plus apparents que réels, et nous avons fait voir que les *Krameria* ont un gynécée dicarpellé: ce qui rend définitivement toute assimilation entre les deux groupes impossible.

1. Il serait utile d'étudier histologiquement les tiges des Polygalacées, notamment celles des espèces grimpantes des pays chauds. Peu de recherches ont été faites dans ce sens. CRUEGER (in *Bot. Zeit.* [1850], 161) a indiqué les particularités de structure du *Securidaca volubilis* et d'un *Comesperma* (*Catocoma lucida*). Voy. DCNE, in *Arch. Mus.* (1839), I, 205, t. 10. — OLIV., *Stem Dicot.*, 6. Plusieurs Polygalacées sont citées comme n'ayant pas de rayons médullaires

Les Polygalacées ont des propriétés [1] assez diverses. Les unes sont aiteuses, les autres amères. Plusieurs sont riches en tannin ; dans un grand nombre d'entre elles on avait cru rencontrer un principe spécial, âcre, qu'on a nommé *polygaline* ou *sénégine*, et dont nous parlerons plus loin. Les *Polygala* indigènes ont été très-employés autrefois dans la médecine des campagnes ; ils le sont fort peu aujourd'hui. Leur nom français de *Laitiers* leur vient sans doute de la couleur blanchâtre de leur suc propre ; et c'est probablement la présence de ce suc qui a porté le vulgaire à croire que nos *Polygala* devaient activer la sécrétion lactée des femmes et du bétail. Notre *P. vulgaris* [2] passe pour tonique, stomachique, sudorifique et quelque peu émétique ; il a une saveur très-légèrement aromatique, puis un peu âcre, à peine amère, et une odeur faible, non désagréable. Il sert, dit-on, à falsifier le thé vert; on l'a vanté dans diverses affections des poumons et des reins. Le *P. amara* [3] aurait les mêmes propriétés, mais avec plus d'intensité, surtout contre les bronchites chroniques, les catarrhes et les hémoptysies; il est très-amer : on lui substitue ordinairement à tort, dans le commerce, le *P. vulgaris*. Dans le Palatinat, on emploie surtout le *P. calcarea* [4]. Aux États-Unis, le *P. rubella* [5] sert aux mêmes usages : il est franchement amer; à petites doses, son infusion est tonique, digestive, stimulante ; à hautes doses, elle devient diaphorétique. La plus active des espèces médicinales paraît être le *P. Senega* [6], ou P. de Virginie, espèce vivace, à grosses racines tortueuses, grisâtres, toutes contournées, rugueuse et calleuses, terminées supérieurement par une tubérosité difforme souvent chargée de petits bourgeons, parcourues dans leur longueur par une côte saillante. Sa saveur est d'abord fade, puis âcre, piquante, provoquant

1. ENDL., *Enchirid.*, 569. — LINDL., *Fl. med.*, 125 ; *Veg. Kingd.*, 377. — GUIB., *Drog. simpl.*, éd. 6, III, 655. — ROSENTH., *Syn. pl. diaphor.*, 785.

2. L., *Spec.*, 986. — DC., *Prodr.*, I, 324, n. 43. — GUIB., *op. cit.*, 658. — GREN. et GODR., *Fl. de Fr.*, I, 195. — RÉV., in *Bot. méd. du* XIXe *siècle*, III, 103, t. 9. — CAZ., *Tr. des pl. méd. ind.*, éd. 3, 864. — *P. pubescens* ROHD. — ? *P. comosa* SCHKUHR. — ? *P. monspeliaca* ALL. — *P. serpyllacea* WEIHE. — *P. oxyptera* REICHB. (*Herbe à lait, Laitier commun, Fleur ambrevale*).

3. L., *Spec.*, 987. — WAHL., *Carp.*, n. 701. — DC., *Prodr.*, n. 44. — GREN. et GODR., *loc. cit.*, 196. — GUIB., *op. cit.*, 658. — *P. austriaca* CRANTZ, *Fl. austr.*, t. 2, fig. 4. — *P. decipiens* BESS., *Cont.*, II, 73. — *P. Vaillantii* BESS. — *P. amarella* CRANTZ. — *P. myrtifolia* FR. (*Laitier amer*).

4. SCH., *Exs.*, cent. II, n. 15. — GODR., *Fl. lorr.*, 95. — GREN. et GODR., *loc. cit.*, 196. — *P. amara* REICHB. (nec L.). — *P. amarella* COSS. et GERM., *Fl. par.*, 56 (nec CRANTZ).

5. PURSH, *Fl. bor.-amer.*, II, 464. — W., *Spec.*, III, 875. — DC., *Prodr.*, n. 108. — BIGEL., *Med. Bot.*, III, t. 54. — LINDL., *Fl. med.*, 126. — *P. polygama* WALT., *Fl. carol.*, 179. — DC., *Prodr.*, n. 110.

6. L., *Spec.*, 990. — WOODV., *Med. Bot.*, III, t. 93. — DC., *Prodr.*, n. 109. — BIGEL., *Med. Bot.*, II, t. 30. — MÉR. et DEL., *Dict. Mat. méd.*, V, 424. — NEES et EBERM., *Pl. med.*, t. 412. — LINDL., *Fl. med.*, 125. — *Bot. Mag.*, t. 1051. — GUIB., *loc. cit.*, 656, fig. 748. — ENDL., *Enchirid.*, 569. — A. RICH., *Élém.*, éd. 4, II, 532. — PEREIRA, *Elem. Mat. med.*, ed. 4, II, p. II, 565. — MOQ., *Bot. méd.*, 65, fig. 18. — RÉV., in *Fl. méd. du* XIXe *siècle*, III, 319, t. 34.

la salivation, la toux, irritante et nauséeuse. Dans son pays natal, elle s'emploie fraîche contre la morsure des serpents venimeux, et elle a été vantée en ce sens outre mesure, sous le nom de *Snake-root*. Sèche, elle est moins active; toutefois elle produit encore des vomissements et des évacuations alvines à forte dose, et elle constitue un médicament actif contre les affections pulmonaires, les bronchites chroniques, les catarrhes, les pleurésies avec épanchement, le croup, le rhumatisme articulaire aigu, les ophthalmies; elle est diurétique et diaphorétique, emménagogue, hydragogue. Les praticiens américains l'ont préconisée contre presque toutes les maladies, et « même jusqu'à l'extravagance ». Son principe actif, âcre, serait, d'après l'ancienne analyse de GEHLEN, la prétendue *sénégine* ou *polygaline*, laquelle, mieux purifiée, s'est trouvée être l'acide *polygalique* [1], très-irritant, provoquant la toux, l'éternument et moussant dans l'eau à la façon de la saponine. Il y a en Amérique un grand nombre d'espèces qui jouissent de propriétés analogues à celles du P. de Virginie : les *P. caracasana* [2], *formosa* [3] et *monticola* [4] à Cumana, aux États-Unis les *P. purpurea* [5], *sanguinea* [6] et *paucifolia* [7], au Mexique les *P. glandulosa* [8] et *scoparia* [9], aux Antilles le *P. paniculata* [10], au Brésil le *P. Poaya* [11], en Australie le *P. veronicea* [12], dans l'Inde les *P. arvensis* [13] et *crotalarioides* [14], au Cap le *P. serpentaria* [15]; tous sont évacuants, plus ou moins vomitifs, employés comme désobstruants dans les catarrhes chroniques des bronches, et la plupart ont, à tort ou à raison, la réputation d'alexipharmaques. Au Chili, le *P. thesioides* [16] s'administre en infusion dans le traitement des hydropisies et de la pleurésie. Le *P.* (?) *theezans* [17] doit son nom à ce que les habitants du Japon et de Java l'emploient en guise de thé. Les Arabes se servent

1. QUÉV., in *Journ. pharm.*, XXII, 460.
2. H. B. K., *Nov. gen. et spec.*, V, 407. — DC., *Prodr.*, n. 120. — LINDL., *Fl. med.*, 125.
3. H. B. K., *loc. cit.* — ROSENTH., *op. cit.*, 787.
4. H. B. K., *loc. cit.*, 405. — DC., *Prodr.*, n. 111.
5. NUTT., ex ROSENTH., *op. cit.*, 787. — *P. sanguinea* MICHX (nec L.).
6. L., *Spec.*, 991. — LINDL., *Fl. med.*, 126.
7. W., *Spec.*, III, 880. — *P. purpurea* AIT., *Hort. kew.*, ed. 2, IV, 244 (nec NUTT.). — *Triclisperma grandiflora* RAFIN., *Spech.*, I, 117.
8. H. B. K., *loc. cit.*, 404, t. 50. — *Viola punctata* W. (ex *Rœm.* et *Sch. Syst.*, V, 391).
9. H. B. K., *loc. cit.*, 399. — DC., *Prodr.*, n. 101.
10. L., *Amœn.*, V, 402.— SW., *Obs.*, 272, t. 6, fig. 2. — DC., *Prodr.*, n. 100.
11. MART., *Mat. med. bras.*, t. 2, 8, fig. 6. — A. S. H., *Pl. us. Bras.*, n. 71; *Fl. Bras. mer.*, II, 2. Très-actif et à peu près aussi bon, d'après MARTIUS, que l'Ipécacuanha.
12. F. MUELL., *Pl. Vict.*, I, 184. (Syn., d'après BENTH., *Fl. austral.*, I, 139, de *P. japonica* HOUTT., *Syst.*, 3, t. 62, fig. 1. — DC., *Prodr.*, n. 34.— *P. vulgaris* THUNB., *Fl. jap.*, 277.)
13. W., *Spec.*, III, 876.
14. BUCHAN., ex DC., *Prodr.*, n. 65. — LINDL., *Fl. med.*, 126.
15. ECKL. et ZEYH., *Enum.*, n. 181.— HARV. et SOND., *Fl. cap.*, I, 93 (*Kaffir Schlagen Wortel*).
16. W., *Spec.*, III, 877.— C. GAY, *Fl. chil.*, I, 239. — *Clinclin* FEUILL., *Obs.*, II, t. 13 (*Quelen-quelen*).
17. L., *Mantiss.*, 260. — DC., *Prodr.*, n. 163 (*Leptospermum* ?). — ROSENTH., *op. cit.*, 788. — *P. Thea* BURM., *Fl. ind.*, 153.

des graines du *P. tinctoria* [1] dans le traitement du Ver solitaire ; la racine leur fournit une sorte d'indigo. Le *P. venenosa* [2] est redouté des Javanais. COMMERSON rapporte que ses guides s'opposèrent à ce qu'il touchât cette plante ; l'ayant sentie, il éprouva des éternuments et des maux de tête. Le *P. diversifolia* [3] des Antilles, espèce ligneuse, a, dit-on, l'odeur et les propriétés du Gaïac, et s'emploie au traitement des mêmes affections. Plusieurs *Monnina* ont des qualités analogues. Au Pérou, la racine astringente du *M. pterocarpa* [4] sert contre la dysenterie. L'écorce du *M. salicifolia* [5], en infusion à froid, s'emploie pour laver la tête et faire pousser les cheveux. Le *M. polystachya* [6] a surtout, dans le même pays, une grande réputation comme astringent. Les femmes s'en servent, comme de l'espèce précédente, pour donner de la force et de l'éclat à leur chevelure ; c'est, assure-t-on, un remède puissant dans la dysenterie. On s'en sert aussi dans l'industrie pour le polissage des métaux, principalement de la vaisselle d'argent. Par leur richesse en tannin, ces végétaux se rapprochent des *Ratanhia* [7], qui figurent parmi les meilleurs remèdes astringents et qui sont constitués par les racines ligneuses, épaisses, noueuses, colorées en rouge ou en brun, de plusieurs espèces de *Krameria*. Dans ce genre, dont les espèces ont été multipliées outre mesure, nous avons établi [8] qu'il n'y en a guère que deux qui fournissent du *Ratanhia* au commerce européen. Ce sont : le *K. Ixina* [9] (fig. 123), dont les formes ou variétés constituent les R. de la Nouvelle-Grenade ou de Savanille et des Antilles ; et le *K. triandra* [10] (fig. 116-121), qui donne le R. du Pérou. Le R. du Texas, produit du *K. secundiflora* [11], n'est pas employé chez nous et ne l'a été que fort peu

1. VAHL, *Symb. bot.*, I, 50. — *P. bracteosa* FORSK.

2. J., in *Poir. Dict.*, V, 493. — LINDL., *Fl. med.*, 126 (*Katu-tutun*).

3. L., *Amœn.*, II, 140. — *Budiera diversifolia* DC., *Prodr.*, I, 334, n. 1.

4. R. et PAV., *Fl. per.*, I, 174.

5. R. et PAV., *op. cit.*, I, 172.

6. RUIZ, in *Lamb. Cinchon.*, 144, t. 3. — DC., *Prodr.*, I, 33. — LINDL., *Fl. med.*, 127. — ROSENTH., *op. cit.*, 789 (*Valthoy Masca*).

7. GUIB., *Drog. simpl.*, éd. 6, III, 658. — ROSENTH., *op. cit.*, 789. — PEREIRA, *Elem. Mat. med.*, ed. 4, II, p. II, 568. — BENDER, *Traité sur le Ratanhia*. Stuttg. (1818). — COTTON, *Etud. comp. sur le genre* Krameria *et les racines qu'il fournit à la médecine* (thès. Par., 1868).

8. H. BN, in *Adansonia*, X, 22.

9. LOEFL., *It.*, 71. — L., *Spec.*, 177. — TUSS., *Fl. Ant.*, I, 113, t. 15. — DC., *Prodr.*, I, 341, n. 1. — HAYNE, *Arzn.*, 8, t. 13. — A. RICH., *Élém.*, éd. 4, II, 537. — MOQ., *Bot. méd.*, 68. — BERG, in *Bot. Zeit.* (1856), 763. — TR. et PL., in *Ann. sc. nat.*, sér. 3, XVII, 144. — H. BN, *loc. cit.*, 20. — *K. tomentosa* A. S. H., *Fl. Bras. mer.*, II, 74. — *K. grandifolia* BERG, *loc. cit.*, 764. Les *K. arida* BERG (*loc. cit.*), *argentea* MART., et *cuspidata* PRESL en sont probablement aussi des formes.

10. R. et PAV., *Fl. per.*, I, t. 93. — DC., *Prodr.*, n. 4. — RŒM. et SCH., *Syst.*, III, 458. — HAYNE, *Arzn.*, VIII, 14. — NEES et EBERM., *Pl. med.*, t. 413. — GUIB., *loc. cit.*, 659, t. 749. — LINDL., *Fl. med.*, 128. — STEV. et CHURCH., *Med. Bot.*, II, t. 72. — ROSENTH., *op. cit.*, 789. — BERG, *loc. cit.*, 766. — BERG et SCHM., *Darst.*, III f. (nec H. B. K.).

11. MOÇ. et SESS., ex DC., *Prodr.*, I, 341. — COTT., *loc. cit.*, 43. — *K. Beyrichii* SPORDL. — *K. lanceolata* TORR., in *Mem. Amer. Lyc. N.-York*, II, 168. — A. GRAY, *Pl. Thurb.*, 301.

en Allemagne. Les *Ratanhia* renferment du tannin en abondance, un principe extractif rouge et une sorte de sucre qu'on suppose provenir du dédoublement du tannin, des matières amylacées et gommeuses, des sels et un acide [1]. Le principe tannique présente des variations dans ses caractères, suivant les sortes et les variétés ; il donne à ces racines des propriétés énergiques, comme toniques, astringentes, hémostatiques, antiblennorrhagiques, antidiarrhéiques, antiputrides et odontalgiques. On emploie le bois et l'écorce de la racine, et souvent aussi un extrait sec, fort analogue à tous égards aux kinos. Ces plantes ont aussi des usages industriels : une infusion de plusieurs *Krameria*, rouge de sang, a servi parfois à falsifier les vins de Porto ; on peut l'appliquer à la teinture et à la préparation des peaux. Dans l'Asie tropicale, plusieurs *Xanthophyllum* sont recherchés pour les qualités de leur bois, notamment le *X. Arnottianum* [2], de l'Inde, et le *X. vitellinum* [3], de Java. Quelques *Polygala* sont cultivés comme ornementaux : ce sont principalement des espèces du Cap, à feuilles souvent opposées et à larges fleurs violettes (fig. 104-106), qui s'épanouissent généralement vers la fin de l'hiver dans nos serres froides et tempérées.

1. La *ratanhine* ($C^{20}H^{12}AzO^{6}$), contenue dans certains extraits américains, n'existe pas, dit-on, dans les racines (COTTON). L'acide kramérique est placé actuellement parmi ceux d'existence douteuse (GERHARDT).

2. WIGHT, *Ill.*, I, 50. — ROSENTH., *op. cit.*, 790. — *X. flavescens* WIGHT et ARN. (nec ROXB.).

3. WALP., *Rep.*, I, 248. — ROSENTH., *op. cit.*, 1153. — *Jackia vitellina* BL., *Bijdr.*, 61.

GENERA

I. POLYGALEÆ.

1. **Polygala** T. — Flores hermaphroditi irregulares; receptaculo convexo. Sepala 5, sæpius petaloidea, plus minus inæqualia; lateralibus 2, cæteris paulo (*Salomonia*, *Badiera*) v. multo majoribus aliformibus, in præfloratione imbricata extimis, aut deciduis, aut circa fructum persistentibus. Petala 5, in corollam plus minus gamopetalam, postice fissam, inter se et cum staminibus connata, imbricata; antico (carina) cæteris sæpius multo majore concavo-galeato v. cymbiformi, apice 2, 3-lobo, nunc dorso v. ad apicem crista plus minus lobata v. fimbriata aucto, in præfloratione intimo; posterioribus 2, minutis, linguiformibus v. squamiformibus, sæpe 2-lobis, nunc cum lateralibus minoribus v. subnullis (sæpe 0) connatis. Stamina sæpius 8, rarius 6, v. 5, 4 (*Salomonia*, *Epirhizanthes*), 2-seriata (quorum alternipetala 4); filamentis basi 1-adelphis, in vaginam postice fissam connatis, mox in phalanges laterales æquales 2-adelphis, demum ad apicem liberis; antheris incomplete v. complete 2-locularibus, basi et apice nunc ciliatis piliferisve, intus ad apicem rima brevi v. foramine forma vario, simplici v. plus minus 2-plici, dehiscentibus. Germen liberum, basi disco tenui v. subnullo cinctum, nunc plus minus stipitatum, 2-loculare; loculo altero antico; altero postico; stylo ad apicem incurvo varie et sæpius inæquali-dilatato v. geniculato; lobis stigmatosis 2-4, heteromorphis et inæqualibus; posticis 1, 2, majoribus; ovulo in loculis singulis solitario descendente; micropyle extrorsum supera. Capsula calyce sæpius cincta, nunc perianthio caduco nudata (*Semeiocardium*), ancipiti-compressa suborbiculata, ovata, obovata, emarginata v. æquali inæqualive (*Badiera*)-2-dyma, ad margines nunc marginatos v. breviter alatos locu-

licida, 1, 2-sperma. Semina descendentia, glabra v. pilosa; exostomio sæpius in arillum forma varium incrassato; albumine copioso v. membranaceo rariusve 0 (*Chamæbuxus*); embryonis plus minus crassi cotyledonibus foliaceis, planis v. plano-convexis. — Frutices, suffrutices v. herbæ, raro parasiticæ decolores squamigeræ (*Epirhizanthes*); foliis alternis, oppositis v. verticillatis, simplicibus, sæpius integris, exstipulaceis; floribus in racemos simplices v. rarius compositos, spicasve nunc breves capituliformes, dispositis; inflorescentiis terminalibus, lateralibus v. rarius axillaribus; pedicellis basi sæpe articulatis, 1-bracteatis; bracteolis sæpius 2. (*Orb. tot. reg. calid. et temp.*) — *Vid. p.* 71.

2? **Phlebotænia** Griseb.[1] — Flores fere *Polygalæ;* sepalis 2 lateralibus maximis aliformibus. Petala 5; exteriora 2 libera v. tubo stamineo leviter adnata a carina dissita; carina posterioribus cum se connatis longiore concavo-galeata cristataque. Stamina 8; vagina postice fissa petalis alte adnata. Gynæceum *Polygalæ*. Capsula 2-locularis, ad marginem utrinque 2-alata; alis 4, verticalibus membranaceis; anterioribus 2 multo majoribus. Cætera *Polygalæ*. — Frutices glabri; foliis alternis basi cuneatis, rigide, oblique et subparallele reticulato-venosis; floribus in racemos terminales v. laterales breves dispositis[2]. (*Cuba*[3].)

3. **Muraltia** Neck.[4] — Flores fere *Polygalæ;* sepalis parum inæqualibus glumaceis. Stamina 7, 8, in vaginam supra fissam connata. Germen cæteraque *Polygalæ*. Capsula submembranacea compressa, apice 4-gibba v. 4-cornis, nunc truncata, margine loculicida. Semina albuminosa crasse arillata. — Frutices v. suffruticuli ramosi; foliis alternis v. fasciculatis parvis rigidis, sæpe acicularibus; floribus axillaribus solitariis subsessilibus. (*Africa austr.*[5])

4. **Mundtia** K.[6] — Flores fere *Polygalæ;* sepalis 2 maximis peta-

1. *Pl. Wright. cub.*, 156; *Cat. pl. cub.*, 14. — B. H., *Gen.*, 138, n. 8.

2. Gen. forte melius ad *Polygalæ* sect. reducendum (?), *Badieræ* valde affine, differt ante omnia petalis lateralibus sepalis exterioribus subæquilongis, basi longe angustatis et fructu alato; alis 4, per paria valde inæqualibus.

3. Spec. 1. *P. cuneata* Griseb., *loc. cit.* — Walp., *Ann.*, VII, 253.

4. *Elem.*, n. 1832. — DC., *Prodr.*, I, 335. — A. S. H. et Moq., in *Mém. Mus.*, XVII, 352, t. 29, fig. 4; XIX, 331. — Spach, *Suit. à Buffon*, VII, 141. — Endl., *Gen.*, n. 5650. — H. Bn, in *Adansonia*, I, 178. — B. H., *Gen.*, 137, n. 4. — *Heisteria* Berg., *Fl. cap.*, 185 (nec L.)

5. Spec. ad 50. Andr., *Bot. Repos.*, t. 363, 424 (*Polygala*). — Paxt., *Mag. Bot.*, IV, 149, ic. — Harv. et Sond., *Fl. cap.*, I, 95. — Miq., in *Ann. Mus. lugd.-bat.*, I, 182. — Walp., *Ann.*, VII, 249.

6. *Nov. gen. et spec.*, V, 392, not. (*Mundia*). — DC., *Prodr.*, I, 337. — A. S. H. et Moq., in *Mém. Mus.*, XVII, 352; XIX, 332 (part.). — Spach, *Suit. à Buffon*, VII, 145. — Endl., *Gen.*, n. 5651. — B. H., *Gen.*, 137, 974, n. 5. — H. Bn, in *Payer Fam. nat.*, 310. — *Nylandtia* Dumort., *Comm.*, 31.

loideis aliformibus. Carina concavo-galeata v. cristata. Fructus drupaceus, 1, 2-spermus; seminibus exarillatis. Cætera *Polygalæ*. — Fruticuli ramosi, sæpius spinescentes; foliis fasciculatis subacicularibus; floribus terminalibus v. sæpius axillaribus, solitariis v. nunc 2, 3-natis. (*Africa austr.* [1])

5. **Monnina** R. et PAV. [2] — Flores fere *Polygalæ;* sepalis lateralibus magnis petaloideis aliformibus. Petala 3-5; lateralibus minimis vix conspicuis glanduliformibus v. sæpius 0; antico (carina) concavo-galeato, integro v. late 3-lobo; posticis parvis tubo stamineo plus minus adnatis. Stamina 8 (*Polygalæ*), v. 6 (lateralibus 2, oppositipetalis deficientibus); antheris 1, 2-locularibus, rimis obliquis brevibus dehiscentibus. Germen 2-loculare v. nunc (loculo postico abortiente) 1-loculare. Cætera *Polygalæ*. Fructus 1, 2-spermus, siccus, indehiscens, apterus v. margine membranaceo-alatus, rarius drupaceus; semine exarillato parce albuminoso. — Herbæ, frutices v. arbusculæ; foliis alternis; floribus in racemos spiciformes, terminales v. rarius axillares, dispositis, 2-bracteolatis. (*America utraque trop. et subtrop.* [3])

6. **Comesperma** LABILL. [4] — Flores fere *Polygalæ;* sepalis 2 maximis aliformibus. Petala lateralia cum carina plus minus connata (*Eucomesperma*) v. libera (*Bredemeyera* [5]). Stamina plerumque 8, 1-adelpha; vagina postice fissa. Germen ovulaque *Polygalæ*. Capsula plano-compressa, subcarnosa v. membranacea coriaceave, basi longe sæpius cuneato-angustata, margine loculicida; seminibus supra glabris v. pubescentibus, arillo sæpius parvo v. ad raphem lineari; testa pilis longissimis descendentibus undique v. sæpius juxta hilum comosa. — Frutices suberecti v. scandentes (*Bredemeyera*) v. sæpius herbæ suffru-

1. Spec. 1, 2. HARV. et SOND., *Fl. cap.*, I, 95.

2. R. et PAV., *Fl. per. Syst.*, I, 169. — DC., *Prodr.*, I, 338. — A. S. H. et MOQ., in *Mém. Mus.*, XVII, 352, t. 30, fig. 2; XIX, 333. — SPACH, *Suit. à Buffon*, VII, 147. — ENDL., *Gen.*, n. 5652. — H. BN, in *Adansonia*, I, 175; in *Payer Fam. nat.*, 310. — B. H., *Gen.*, 139, n. 12. — *Hebeandra* BONPL., in *Berl. Mag.* (1802), 40.

3. Spec. ad 50. H. B. K., *Nov. gen. et spec.*, V, 409, t. 501-505. — A. S. H., *Fl. Bras. mer.*, II, 59, t. 93-95. — C. GAY, *Fl. chil.*, I, 239. — HOOK. et ARN., in *Beech. Voy.*, *Bot.*, t. 6. — TR. et PL., in *Ann. sc. nat.*, sér. 4, XVII, 136. — MIQ., in *Ann. Mus. lugd.-bat.*, I, 191. — *Bot. Mag.*, t. 3122. — WALP., *Rep.*, I, 245; II, 769; *Ann.*, I, 75; II, 85; IV, 239; VII, 254.

4. *Pl. Nouv.-Holl.*, II, 21, t. 159-163. — DC., *Prodr.*, I, 334. — A. S. H. et MOQ., in *Mém. Mus.*, XVII, 351, t. 29, fig. 2; XIX, 329. — ENDL., *Gen.*, n. 5649. — H. BN, in *Payer Fam. nat.*, 310. — B. H., *Gen.*, 138, 974, n. 6. — MIQ., in *Ann. Mus. lugd.-bat.*, I, 184.

5. W., in *Neue Schr. Ges. Nat. Berl.*, III, 406, t. 4. — DC., *Prodr.*, I, 340. — A. S. H. et MOQ., *op. cit.*, XIX, 337. — ENDL., *Gen.*, n. 5654. — B. H., *Gen.*, 138, 974, n. 7. — *Catocoma* BENTH., in *Hook. Journ. bot.*, IV, 401. — ENDL., *Gen.*, n. 5648 [1] (Suppl. III, 96). — *Hualania* PHIL., in *Linnæa*, XXXIII, 18 (ex B. H., *loc. cit.*).

tescentes, erectæ v. volubiles (*Eucomesperma*); foliis alternis, sæpius parvis (*Eucomesperma*) v. ovato-oblongis latis subcoriaceis penninerviis (*Bredemeyera*); floribus in racemos simplices v. ramosos dispositis. (*America trop.* [*Bredemeyera* [1]], *Australia* [2].)

7. **Securidaca** L. [3] — Flores fere *Polygalæ;* sepalis 2 maximis aliformibus subpetaloideis. Petala *Polygalæ;* lateralia a carina sæpius dissita. Stamina 8 (*Polygalæ*). Germen 2-loculare; loculo altero sæpius minimo vacuo; altero 1-ovulato. Fructus indehiscens, basi coriaceus v. lignosus, sæpe cristatus, apice in alam elongatam, raro brevem (*Corytholobium* [4]), nunc superne valde dilatatam (*Lophostylis* [5]), basi sæpe angustatam, productus (samaroideus); semine 1, exarillato exalbuminoso; embryonis recti cotyledonibus crasso-carnosis; radicula minima inter eas retracta. — Frutices sæpe scandentes; foliis alternis, sæpius integris, 2-glandulosis; floribus in racemos terminales et axillares simplices v. compositos, nunc breves, raro fasciculato-2-chotomos (*Corytholobium*), dispositis. (*Orbis tot.* [*excl. Australia*] *reg. calidior.* [6])

8. **Carpolobia** G. Don [7]. — Flores fere *Polygalæ;* sepalis lateralibus majoribus. Petala 5, basi in corollam postice fissam connata; antico carinato concavo-galeato, apice integro v. breviter cristato. Stamina 5, basi in vaginam postice fissam et extus corollæ adnatam connata; filamentis anantheris nunc 1-3; antheris intus oblique dehiscentibus. Germen crasse stipitatum, 3-loculare. Cætera *Polygalæ*. Fructus carnosus subglobosus; seminibus 1-3, exarillatis, pilis longis vestitis; embryonis albuminosi cotyledonibus orbiculatis tenuibus. — Frutices;

1. Spec. ad 10. A. S. H., *Fl. Bras. mer.*, II, t. 90, 91. — Pœpp. et Endl., *Nov. gen. et spec.*, III, t. 273 (*Catocoma*). — Tr. et Pl., in *Ann. sc. nat.*, sér. 4, XVII, 133 (*Catocoma*). — Hassk., in *Ann. Mus. lugd.-bat.*, I, 187. — Walp., *Rep.*, I, 213; V, 614.

2. Spec. ad 20. Deless., *Ic. sel.*, III, t. 20. — F. Muell., *Fl. Vict.*, t. 8. — Benth., *Fl. austral.*, I, 141. — Walp., *Ann.*, II, 82; VII, 251.

3. *Gen.*, n. 852. — J., *Gen.*, 366. — Poir., *Dict.*, VIII, 50; Suppl., V, 124. — Lamk, *Ill.*, t. 599. — DC., *Prodr.*, I, 340. — A. S. H. et Moq., in *Mém. Mus.*, XVII, 354, t. 31; XIX, 335. — Spach, *Suit. à Buffon*, VII, 148. — Endl., *Gen.*, n. 5653. — B. H., *Gen.*, 138, 974, n. 9. — *Rodschiedia* Miq., in *Linnæa*, XVIII, 585.

4. Mart., ex Benth., in *Ann. Mus. vindob.*, II, 93.

5. Hochst., in *Flora* (1842), 229. — A. Rich., *Fl. abyss. Tent.*, I, 39, t. 10.

6. Jacq., *Amer.*, t. 183. — Deless., *Ic. sel.*, III, t. 22. — A. S. H., *Fl. Bras. mer.*, II, 67, t. 96. — Griseb., *Fl. brit. W.-Ind.*, 29; *Cat. pl. cub.*, 14. — Hassk., in *Mus. lugd.-bat.*, I, 190. — Hook. f., *Fl. brit. Ind.*, I, 207. — Oliv., *Fl. trop. Afr.*, I, 134. — Benth., *Fl. hongkong.*, 45. — Miq., *Fl. ind.-bat.*, I, p. II, 128 (*Lophostylis*). — Tr. et Pl., in *Ann. sc. nat.*, sér. 4, XVII, 134. — Walp., *Rep.*, I, 246 (part.); V, 67; *Ann.*, I, 75; II, 86; IV, 240; VII, 253.

7. *Gen. Syst.*, I, 370 (part.). — Endl., *Gen.*, n. 5655; Suppl., III, 96. — B. H., *Gen.*, 139, 974, n. 11.

foliis alternis ovatis; floribus [1] in racemos axillares breves paucifloros dispositis. (*Africa trop. occ.* [2])

9? **Trigoniastrum** MIQ. [3] — « Sepala 5, quorum 2 paulo latiora. Petala dissimilia; lateralia anguste unguiculato-spathulata; carina naviculari [4], basi gibboso-saccata; 2 autem basi extrorsum auriculato-semicordata, margine altius connata genitaliaque obvelantia. Stamina 5, in vaginam hinc fissam coalita; antheris ellipsoideis, 1-locularibus, introrsum adnatis. Glandulæ (?) [5] 2, subrotundo-lenticulariæ antice hirtæ germini vicinæ in carinæ basi saccata arcte receptæ. Germen 3-loculare; stylo simplici; stigmate parvo; ovulis in loculis solitariis e vertice pendulis. Fructus siccus, 3-alatus, in carpella 3, samaroidea, intus demum dehiscentia, secedens. Semina in loculis solitaria pendula hirta estrophiolata... — Frutex [6]; foliis alternis coriaceis integris; racemis ad apices ramorum paniculatis; bracteis glandulosis [7]. » (*Sumatra, Penang* [8].)

II. XANTHOPHYLLEÆ.

10. **Xanthophyllum** ROXB. — Flores hermaphroditi irregulares; sepalis 5, imbricatis; interioribus paulo majoribus. Petala 5, libera v. ima basi connata, imbricata; postica 4, rarum inæqualia; antico (carina) majore cymbiformi. Stamina 8, aut libera omnia, aut per paria cum petalorum basi cohærentia; antheris introrsis, 2-locularibus, apice breviter rimosis. Germen disco glanduloso annulato basi cinctum, 1-loculare; placentis 2, parietalibus, lateraliter plus minus prominulis; ovulis in singulis 2-6, descendentibus v. varie obliquis; stylo incurvo, apice stigmatoso subintegro. Fructus globosus coriaceo-carnosus, sæpius 1-spermus; semine exarillato exalbuminoso; embryonis carnosi cotyledonibus crasso-carnosis plano-convexis, apice nunc corrugato-plicatis; radicula brevi intra cotyledones subinclusa. — Arbores v. frutices glabri, nunc scandentes; foliis alternis coriaceis; floribus in racemos supra-axillares simplices v. terminales ramosos dispositis. (*Asia et Oceania trop.*) — *Vid. p.* 76.

1. Albis v. luteis.
2. Spec. 2. BENTH., *Niger*, 224. — OLIV., *Fl. trop. Afr.*, I, 135. — WALP., *Rep.*, I, 247 (spec. 3, 4).
3. *Fl. ind.-bat.*, Suppl., I, 394. — B. H., *Gen.*, 139, n. 10. — *Isopteris* WALL., *Cat.*, n. 7261.
4. « Postica ? » (B. H.)
5. « Corpuscula 2. » (B. H.)
6. Scandens ?
7. Char. ex B. H., *loc. cit.*
8. Spec. 1. *T. hypoleucum* MIQ., *loc. cit.* — HOOK. F., *Fl. Brit. Ind.*, I, 208. — *Isopteris penangiana* WALL., *loc. cit.*

III. KRAMERIEÆ.

11. Krameria Loefl. — Flores irregulares resupinati ; sepalis 4, 5, intus coloratis, imbricatis ; antico majore extimo ; posticis 1, 2 (quorum altero minimo intimo). Petala 2, postica v. 3 ; mediante intimo v. 0 ; aut sublibera aut basi plus minus connata angusta. Stamina 3, posteriora petalis opposita v. sæpius 4, 2-dynamia ; lateralibus majoribus, nunc raro 5 ; filamentis liberis v. sæpius basi plus minus alte 1-adelphis ; antheris basifixis erectis, 2-locularibus, apice infundibuliformi lacero-subporicidis. Germen liberum, basi glandulis 2, hypogynis anticis crasse squamiformibus compressis, extus rugosis, sulcatis v. reticulatis, stipatum ; loculo fertili 1, antico ; stylo subulato longe tubuloso, apice haud v. vix dilatato stigmatoso ; ovulis 2, placentæ posticæ prominulæ collateraliter insertis descendentibus ; micropyle antice v. lateraliter supera. Fructus siccus, indehiscens, subglobosus, extus aculeis apice reflexo-unciferis horridus ; seminis solitarii descendentis embryone exalbuminoso ; cotyledonibus plano-convexis carnosis, basi auriculata circa radiculam brevem superam vaginantibus. — Frutices humiles canescentes sæpius valde ramosi ; foliis alternis exstipulaceis, simplicibus v. rarius ex parte 3-foliolatis ; foliolis pinnatis articulatis ; floribus in axillis foliorum v. bractearum ramuli supremarum solitariis pedunculatis v. subsessilibus ; pedunculo ad medium 2-bracteolato. (*America utraque trop. et subtrop.*) — *Vid. p.* 77.

XL

VOCHYSIACÉES

I. SÉRIE DES SALVERTIA.

A cette série appartiennent les *Vochysia* qui ont donné leur nom à la famille; mais ils n'en représentent pas le type le plus complet, car ils n'ont que trois pétales dans une fleur pentamère, tandis que les *Salvertia*[1] (fig. 124-126), que nous étudierons les premiers, ont même

Salvertia convallariæodora.

Fig. 124. Fleur (½).

Fig. 125. Diagramme.

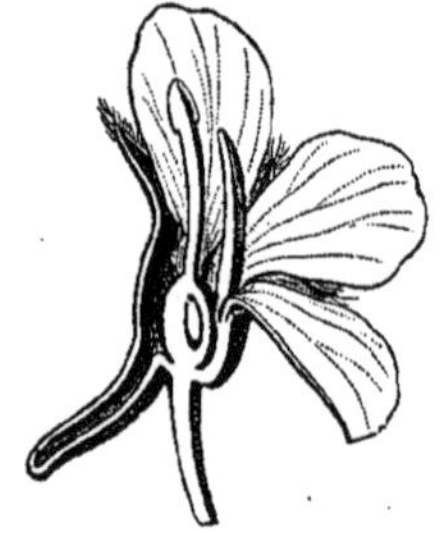

Fig. 126. Fleur, coupe longitudinale.

nombre de pétales que de sépales. Leurs fleurs sont hermaphrodites, irrégulières, et leur réceptacle est légèrement concave. Sur les bords de la petite coupe qu'il constitue s'insèrent les cinq sépales, imbriqués dans le bouton d'une façon variable, mais ordinairement en quinconce. Au-dessous du sépale postérieur, le réceptacle se dilate, comme celui des Capucines, en un éperon creux et libre[2]. Les cinq pétales, à peine inégaux, sont imbriqués dans le bouton, comme les sépales avec lesquels ils alternent. L'androcée est formé au début de cinq étamines oppositipétales; mais le plus souvent l'une d'entre elles, l'antérieure, devient

1. A. S. H., in *Mém. Mus.*, VI, 266; IX, 340. — DC., *Prodr.*, III, 28. — SPACH, *Suit. à Buffon*, IV, 324. — ENDL., *Gen.*, n. 6072. — B. H., *Gen.*, 977, n. 5. — H. BN, in *Payer Fam. nat.*, 351.

2. Comme celles des Capucines également, ces fleurs peuvent être monstrueuses, l'éperon s'élargissant et se raccourcissant, ou disparaissant plus ou moins complétement; le périanthe devenant, par suite, sensiblement régulier. Dans ce cas, il y a souvent deux grandes étamines fertiles, plus rarement trois, dont une plus petite, et les staminodes sont fréquemment plus développés que dans les fleurs normales.

seule fertile ; les deux postérieures disparaissent complétement ou à peu près à l'état adulte, et les deux latérales ne sont ordinairement représentées que par deux staminodes, fort courts relativement à l'étamine fertile. Toutes s'insèrent d'ailleurs un peu périgyniquement sur le bord

Vochysia guianensis.

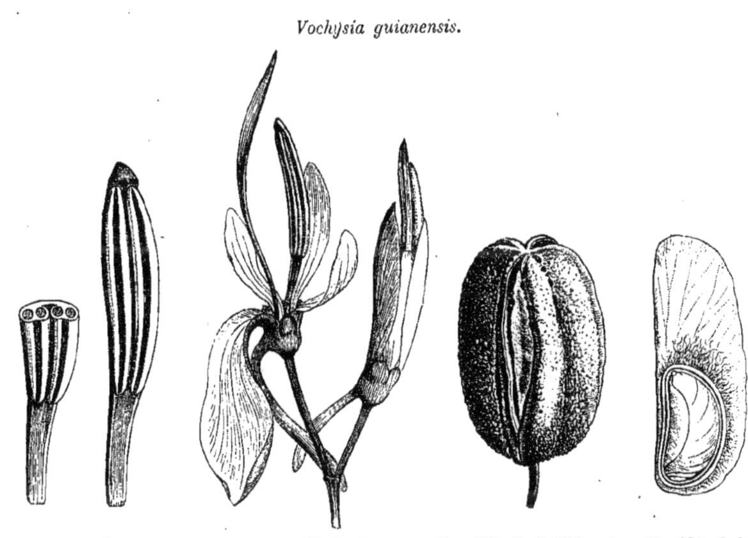

Fig. 128, 129. Étamine entière et coupée transversalement. Fig. 127. Portion de l'inflorescence ($\frac{5}{1}$). Fig. 130. Fruit déhiscent. Fig. 131. Graine ouverte.

du réceptacle, et l'étamine fertile est formée d'un filet libre et d'une anthère biloculaire, introrse, à deux loges distinctes, répondant aux bords du connectif et déhiscentes chacune par une fente longitudinale[1]. Le gynécée occupe le centre du réceptacle; il est formé d'un ovaire à trois loges, surmonté d'un style renflé en massue et présentant vers son sommet obtus une surface stigmatifère oblique. Dans l'angle interne de chaque loge, dont deux sont postérieures, et l'autre antérieure, il y a deux ovules collatéraux, descendants, incomplétement anatropes, à hile linéaire, à micropyle supérieur et extérieur. Le fruit est une capsule triquètre, loculicide, dont les trois valves portent sur le milieu de leur face intérieure une cloison de chaque côté de laquelle est une graine descendante. Celle-ci est surmontée supérieurement d'une longue

1. Le pollen a été examiné dans plusieurs Vochysiacées de la série des Salvertiées par H. MOHL (in *Ann. sc. nat.*, sér. 2, III, 332) et distingué en catégories : « *a*. Sphères aplaties, à trois angles; de petites papilles sur les angles (*Vochysia ferruginea*). — *b*. Sphérique, triangulaire à l'équateur, sur les angles de très-courts plis, sur ceux-ci des papilles (*Qualea ecalcarata*). — *c*. Ovoïde ; trois plis ; dans l'eau, sphère à trois bandes avec des papilles (*Vochysia pyramidalis*, *Amphilochia qualeoides*, *Callisthene minor*). »

aile membraneuse, et renferme sous ses téguments un embryon très-développé, à courte radicule supère, à larges cotylédons peu épais, convolutés en spirale. On ne connaît jusqu'ici qu'un *Salvertia*[1] : c'est un arbre du Brésil, à suc résineux, à rameaux épais, à feuilles verti-

Callisthene minor.

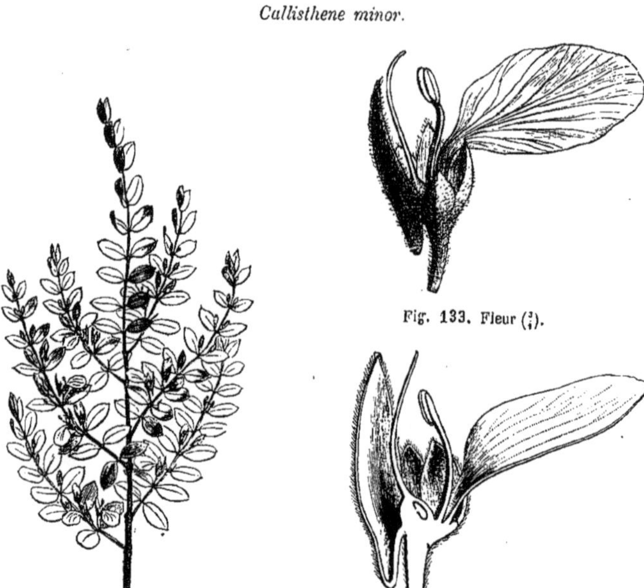

Fig. 133. Fleur ($\frac{3}{1}$).

Fig. 132. Rameau florifère ($\frac{1}{2}$).

Fig. 134. Fleur, coupe longitudinale.

cillées, pétiolées, simples[2]. Ses fleurs[3] sont disposées en grappes terminales ramifiées, composées de cymes, parfois unipares à leur extrémité.

Les *Vochysia* (fig. 127-131), arbres de l'Amérique tropicale, ont tous les caractères des *Salvertia* ; mais leurs pétales sont très-inégaux entre eux, et leurs pétales sont, nous l'avons vu, au nombre de trois, les deux postérieurs venant à disparaître ; ou quelquefois même le pétale antérieur représente seul la corolle. Ce sont des arbres à feuilles opposées ou verticillées, accompagnées de petites stipules latérales ; leurs inflorescences sont des grappes de cymes plus ou moins ramifiées. A côté d'eux se placent les *Callisthene* et les *Qualea*, également originaires

1. S. *convallariæodora* A. S. H., *loc. cit.* — MART. et ZUCC., *Nov. gen. et spec.*, I, 152, t. 93. — ? S. *thyrsiflora* POHL, *Pl. bras.*, II, 15, t. 110. — WALP., *Rep.*, I, 69.

2. Épaisses, coriaces, obovales, entières, penninerves, dépourvues (?) de stipules.

3. Blanches ou rosées, grandes, belles, très-odorantes.

de l'Amérique tropicale. Leur corolle est constamment réduite à un seul pétale, l'antérieur. Leur androcée n'a également en général qu'une étamine fertile. Mais le nombre de leurs ovules est supérieur à deux dans chaque loge. Dans les *Callisthene* (fig. 132-134), le fruit capsulaire a une columelle épaisse qui persiste après la chute des valves. Dans les *Qualea*, la columelle est nulle ou à peine développée. Les loges ovariennes sont souvent incomplètes; les ovules, disposés obliquement sur deux rangées au dos des placentas, sont incomplétement anatropes ou presque orthotropes et surmontés déjà d'une dilatation aliforme qui deviendra plus manifeste encore dans les graines. L'éperon postérieur est quelquefois réduit à de très-petites dimensions.

II. SÉRIE DES ERISMA.

Les *Erisma* [1] (fig. 135-137), qui constituent seuls cette petite série, ont extérieurement les fleurs irrégulières, pentamères, monandres, des

Erisma violaceum.

Fig. 135. Fleur.

Fig. 137. Fruit, coupe longitudinale.

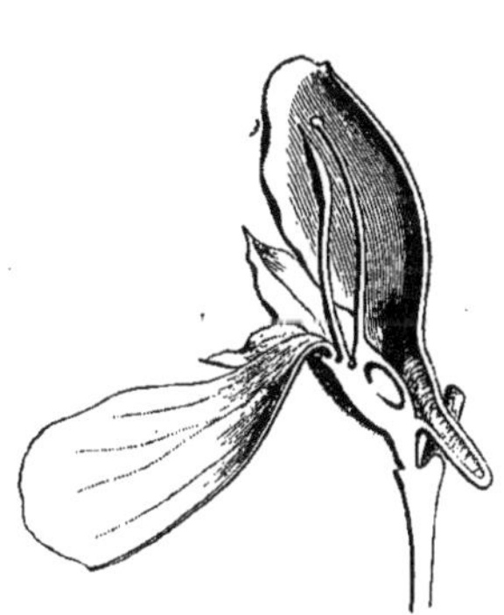
Fig. 136. Fleur, coupe longitudinale.

Vochysia, et leur corolle est également réduite au pétale antérieur; mais leur ovaire, plongé dans la concavité du réceptacle obconique et éperonné en arrière, est tout à fait infère par rapport à l'insertion du

1. RUDGE, *Pl. guian. rar.*, I, 7, t. 1 (1805). — DC., *Prodr.*, III, 29. — SPACH, *Suit. à Buffon*, VII, 328. — ENDL., *Gen.*, n. 6073. — PAYER, *Elém.*, 150, fig. 258-262. — H. BN, in *Payer Fam. nat.*, 352. — B. H., *Gen.*, 976, n. 3. — *Debræa* ROEM. et SCH., *Syst.*, I, 4 (ex ENDL., *loc. cit.*). — *Dittmaria* SPRENG., *Syst.*, I, 4 (ex ENDL.).

calice, du pétale et de l'étamine, et devient de ceux que l'on appelait autrefois adhérents. Il n'y a qu'une loge, dans laquelle se trouvent deux ovules collatéraux, insérés sur la paroi, du côté du pétale et de l'étamine fertile, incomplétement anatropes et ascendants, avec le micropyle dirigé en bas et en dehors [1]. Le style est unique, légèrement renflé à son sommet stigmatifère. Le fruit est sec, indéhiscent, appliqué obliquement dans la concavité du réceptacle, avec la paroi duquel il se confond d'un côté et qui est surmonté des cinq sépales, accrus inégalement en ailes coriaces, réticulées, plus ou moins falciformes. Dans la cavité du fruit se trouvent une ou deux graines, étroites, allongées, dont les téguments recouvrent un embryon un peu arqué, à longs cotylédons étroits, demi-cylindriques, à courte radicule infère [2] (fig. 137). Les *Erisma* sont, au nombre de trois ou quatre espèces [3], des arbres du Brésil boréal et de la Guyane ; leurs feuilles sont opposées, pétiolées, coriaces, accompagnées de stipules membraneuses, caduques ou persistantes ; et leurs fleurs sont disposées en grappes terminales, ramifiées, de cymes, avec des pédicelles portant deux bractées latérales.

III. SÉRIE DES TRIGONIA.

Les *Trigonia* [4] (fig. 138-142) ont des fleurs irrégulières et hermaphrodites, dont le réceptacle est presque plan ou légèrement concave au sommet, ordinairement coupé un peu obliquement de haut en bas et d'arrière en avant. Il porte cinq sépales inégaux, imbriqués en quinconce dans le bouton, et cinq pétales alternes, dissemblables, imbriqués aussi dans la préfloraison. L'un d'eux est dilaté au-dessus de sa base en un sac ou éperon court ; il est latéralement placé par rapport au plan antéro-postérieur de la fleur [5]. Deux autres, symétriques l'un à l'autre, situés sur les côtés du précédent, sont épaissis et gibbeux d'un côté. Les deux derniers sont aussi symétriques entre eux, rabattus en dehors dans

1. Regardant par conséquent en arrière.

2. C'est à tort que PAYER (*loc. cit.*, fig. 262) a représenté l'ovule descendant, avec le micropyle supérieur, et que MM. BENTHAM et HOOKER décrivent la radicule comme supère.

3. MART. et ZUCC., *Nov. gen. et spec.*, I, 136, t. 82. — REICHB., *Ic. exot.*, t. 161. — PŒPP., in *Fror. Not.*, XXXV, 120. — WALP., *Rep.*, II, 69.

4. AUBL., *Guian.*, I, 390, t. 149, 150. — J., *Gen.*, 253. — LAMK, *Ill.*, t. 347. — POIR., *Dict.*, VIII, 97. — DC., *Prodr.*, I, 571. — A. S. H. et MOQ., in *Mém. Mus.*, XVIII, t. 31, fig. 3. — ENDL., *Gen.*, n. 5659. — H. BN, in *Payer Fam. nat.*, 352. — B. H., *Gen.*, 977, n. 6. — *Mainea* VELLOZ., *Fl. flum.*, VII, 275, n. 264, t. 8.

5. Sur la symétrie florale des *Trigonia* et des *Lightia*, et sur les deux plans de symétrie de la fleur, voy. H. BN, in *Adansonia*, XI, 23.

l'anthèse. L'androcée, à peine périgyne, est formé de quatre à douze étamines unies entre elles, par la base de leurs filets, en un tube court, fendu d'un côté, et d'autant plus courtes qu'elles se rapprochent davantage de cette fente, vers les bords de laquelle on n'observe plus que des sta-

Trigonia villosa.

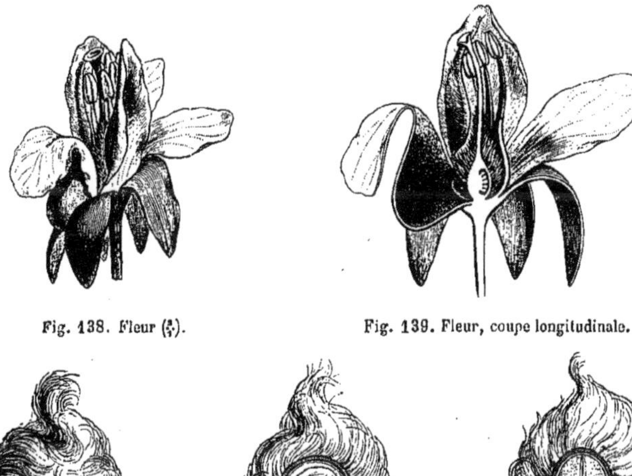

Fig. 138. Fleur ($\frac{3}{1}$).

Fig. 139. Fleur, coupe longitudinale.

Fig. 140. Graine ($\frac{3}{1}$).

Fig. 141. Graine, coupe longitudinale.

Fig. 142. Graine, coupe longitudinale bilatérale.

minodes en nombre variable. Toutes ces étamines sont disposées suivant un plan de symétrie qui est le même que celui de la corolle, et c'est du côté du pétale éperonné que se trouvent les étamines les plus petites et les staminodes. Les anthères sont biloculaires, introrses et déhiscentes par deux fentes longitudinales. Le gynécée est libre, formé d'un ovaire à trois loges, surmonté d'un style dont le sommet entier se dilate en une petite tête ou en une cupule stigmatifère, coupée droit ou obliquement. Dans l'angle interne de chaque loge se voit un placenta chargé d'ovules anatropes, descendants, en nombre indéfini. Le fruit est une capsule tricoque et septicide, dont les graines nombreuses sont chargées de longs poils laineux, et dont l'embryon oblique, à larges cotylédons suborbiculaires, foliacés, est entouré d'un épais albumen charnu. Les *Trigonia*, dont on peut distinguer au moins vingt espèces[1], sont des

1. H. B. K., *Nov. gen. et spec.*, V, 141. — CAMBESS., in *A. S. H. Fl. Bras. mer.*, II, 80, t. 105. — WALP., *Rep.*, I, 248; II, 769; *Ann.*, I, 76; II, 86; IV, 240.

arbustes sarmenteux ou grimpants, à feuilles opposées, simples, accompagnées de stipules caduques, et à fleurs disposées en grappes terminales, plus ou moins ramifiées et composées.

Les *Lightia* [1], intermédiaires aux autres Vochysiacées et aux *Trigonia*, sont très-voisins de ces derniers, mais s'en distinguent par leur réceptacle bien plus concave, leurs pétales périgynes, réduits à trois; leurs étamines fertiles n'étant qu'au nombre de quatre, didynames, et leurs loges ovariennes ne renfermant chacune que deux ovules. On en a décrit deux espèces [2] arborescentes, l'une de la Guyane, l'autre de l'Amazone.

C'est en 1820 que fut distinguée, par A. S. Hilaire [3], cette petite famille, placée par les uns au voisinage des Combrétacées et des Onagrariées, à cause de la périgynie de la plupart de ses genres, rapprochée par d'autres des Géraniacées, par suite des analogies que présentent souvent ses fleurs éperonnées avec celles des Capucines et des *Pelargonium*, et qui doit être, comme le pensait Lindley, inséparable des Polygalacées, auxquelles même il rapportait les Trigoniées. Par l'intermédiaire de ces dernières, les Vochysiacées devraient peut-être être comprises dans une même famille avec les Polygalacées dont elles représenteraient les séries périgynes; elles s'y distingueraient par leur mode d'insertion, quoique la concavité de leur réceptacle, si accentuée dans les *Lightia*, disparaisse presque complétement dans la plupart des *Trigonia*, et encore par l'irrégularité de leur androcée, réduit normalement à une seule pièce fertile dans toutes les Vochysiées et dans les Erismées. On a, d'autre part, indiqué une affinité des Vochysiacées avec les Sapindacées; elle est manifeste, principalement par l'intermédiaire des Chaillétiées à fleurs irrégulières, comme les *Tapura*. Quand d'ailleurs on connaît les étroites relations de ces derniers avec les Euphorbiacées proprement dites, notamment avec les *Pedilanthus*, dont la fleur irrégulière rappelle beaucoup celle des Vochysiacées, on comprend que les *Trigonia* aient pu être souvent rapportés à la famille des Euphorbiacées [4].

Les caractères des trois séries que nous distinguons dans cette famille sont les suivants:

1. Schomb., in *Linnæa*, XX, 757. — B. H., *Gen.*, 977, n. 7.

2. Walp., *Ann.*, I, 190.

3. In *Mém. Mus.*, VI, 253 (*Vochisiées*). — *Vochysieæ* DC., *Prodr.*, III, 25, Ord. 69. — E. Mey., in *Nov. Act. nat. cur.*, XI, 812. — Bartl., *Ord. nat.*, 320. — H. Bn, in *Payer Fam. nat.*, 350, Fam. 155. — *Vochysiaceæ* Mart. et Zucc., *Nov. gen. et spec.*, I, 123 (1824). — Endl., *Gen.*, 1177, Ord. 260. — *Vochyaceæ* Lindl., *Introd.*, ed. 2, 87; *Veg. Kingd.*, 379, Ord. 134.

4. Les Clusiacées et les Marcgraviées (Ternstrœmiacées) ont été aussi comparées aux Vochysiacées, mais nous ne voyons presque aucune affinité entre les unes et les autres.

I. SALVERTIÉES. — Ovaire libre, pluriloculaire. Loges à deux ovules descendants, à micropyle supérieur et extérieur. Une seule[1] étamine fertile. Fruit capsulaire, à graines ailées. Embryon sans albumen, à cotylédons foliacés, convolutés. — 4 genres.

II. ERISMÉES. — Ovaire adné à la concavité du réceptacle (adhérent), uniloculaire, biovulé. Ovules ascendants, à micropyle inférieur et extérieur. Une seule étamine fertile. Fruit indéhiscent, samaroïde. Embryon droit, sans albumen. — 1 genre.

III. TRIGONIÉES[2]. — Ovaire libre, sur un réceptacle oblique, à peine concave ou très-profond, à plusieurs loges bi- ou multiovulées. Androcée irrégulier ; plusieurs étamines fertiles, inégales. Fruit capsulaire. Embryon droit, entouré d'un albumen. — 2 genres.

Les caractères secondaires qui, dans ces séries, servent à distinguer les genres, reposent sur le plus ou moins de concavité du réceptacle, le nombre des étamines fertiles, le nombre des ovules qui se trouvent dans chaque loge et l'anatropie plus ou moins accentuée des graines, l'épaisseur, la consistance et la persistance ou la disparition de la columelle centrale du fruit. Ceux qui, au contraire, sont constants, ou à peu près, dans la famille, sont : la consistance ligneuse des tiges, la disposition des feuilles, opposées ou verticillées (sauf dans les *Lightia*), l'irrégularité des fleurs et la périgynie de l'insertion (sauf dans certains *Trigonia*, où elle est à peine indiquée).

Toutes les Vochysiacées connues, au nombre d'une centaine environ, habitent les régions tropicales de l'Amérique du Sud. Elles ont peu d'usages. Leur suc résineux n'a guère été employé, non plus que l'essence parfumée de leurs fleurs[3]. Les espèces arborescentes peuvent fournir un bois utile : on cite comme assez ferme, mais peu durable, celui du *Vochysia guianensis*[4] (fig. 127-131). Il est très-rare que ces plantes aient été introduites dans nos serres, et leur culture n'y a point, je crois, réussi.

1. Anormalement deux ou trois.

2. *Trigoniaceæ* MART., *Consp.*, 247. — ENDL., *Gen.*, 1080. — Gen. *Polygalearum* LINDL., *Veg. Kingd.*, 376. — Gen. *Malpighiaceis* affine J., *Gen.*, 253.

3. ENDL., *Enchirid.*, 631.

4. LAMK, *Ill.*, t. 11. — DC., *Prodr.*, III, 26, n. 1. — LINDL., *Veg. Kingd.*, 380. — ROSENTH., *Syn. pl. diaphor.*, 899. — *V. excelsa* ZUCC. — *Vochy guianensis* AUBL., *Guian.*, I, 18, t. 6. — *Cucullaria excelsa* W., *Spec.*, I, 17. (*Itaballi*, *Copaiyé*, d'apr. SCHOMBURGK.)

GENERA

I. SALVERTIEÆ.

1. **Salvertia** A. S. H. — Flores hermaphroditi irregulares; receptaculo cupulari, postice in calcar liberum cavum producto. Sepala 5, margini receptaculi inserta, imbricata. Petala 5, cum sepalis alternis inserta subæqualia; imbricata. Stamina 5, cum perianthio leviter perigyna, oppositipetala, quorum postica 2, sæpius omnino abortiva; lateralibus parvis 2, sterilibus, forma variis, inæqualibus; antici autem fertilis filamento subulato; antheræ basifixæ connectivo latiusculo; loculis marginibus adnatis linearibus, introrsum rimosis. Germen liberum; loculis 3 (posticis 2), 2-ovulatis; stylo elongato, e basi sensim incrassato, apice stigmatoso obliquo; ovulis angulo interno insertis, collateraliter descendentibus, incomplete anatropis; raphe lineari; micropyle extrorsum supera. Capsula ovato-3-quetra, loculicide 3-valvis; valvis medio septiferis; columella centrali 0; seminibus oblongis compressis, superne in alam productis; embryonis exalbuminosi cotyledonibus foliaceis spiraliter convolutis; radicula brevi supera. — Arbor resinosa; ramis crassis; foliis verticillatis simplicibus coriaceis petiolatis; stipulis inconspicuis (?); floribus (majusculis) in racemos composito-ramosos cymiferos terminales dispositis; pedicellis 2-bracteolatis. (*Brasilia.*) — *Vid. p.* 9.

2. **Vochysia** J. [1] — Flores fere *Salvertiæ;* sepalis 5, valde inæqualibus (postico maximo; cæteris parvis). Petala 1, v. sæpius 3, anteriora,

1. *Gen.*, 424 (*Vochisia*). — A. S. H., in *Mém. Mus.*, VI, 166. — DC., *Prodr.*, III, 26. — SPACH, *Suit. à Buffon*, VII, 321. — ENDL., *Gen.*, n. 6071. — B. H., *Gen.*, 976, n. 4. — H. BN, in *Payer Fam. nat.*, 351. — *Vochy* AUBL., *Guian.*, I, 18, t. 6 (nom. anteponend. ?). — *Vochya* VANDELL., in *Rœm. Scr. bras.*, 69, t. 6. — *Salmonia* NECK., *Elem.*, n. 808. — *Cucullaria* SCHREB., *Gen.*, n. 11. — *Struckeria* VELLOZ., *Fl. flum.*, I, 8, t. 20.

imbricata (posticis 2 deficientibus). Cætera *Salvertiæ*. Semina nunc extus gossypina. — Arbores v. frutices, glabri v. tomentosi; foliis verticillatis v. sæpius oppositis; stipulis parvis subulatis; floribus [1] in racemos subsimplices v. sæpius ramosos cymiferos dispositis; pedicellis 2-bracteolatis. (*America trop. austr.* [2])

3. **Qualea** Aubl. [3] — Flores fere *Vochysiæ* (v. *Salvertiæ*); petalo 1, antico unguiculato, sæpius late obcordato v. obovato [4]. Stamina gynæceumque *Salvertiæ;* germine incomplete v. complete 3, 4-loculari; ovulis in placentis singulis ∞, 2-seriatim obliquis, sæpius vix anatropis, superne in alam adscendentem productis. Capsula loculicida, 3-valvis; columella sæpius 0; seminibus ∞, 2-seriatim imbricatis subadscendentibus, superne in alam longe productis. Cætera *Salvertiæ*. — Arbores resinosæ; foliis oppositis v. verticillatis; petiolo basi 2-glanduloso; floribus [5] in racemos sæpius ramoso-compositos laterales terminalesque dispositis. (*Brasilia*, *Guiana* [6].)

4? **Callisthene** Mart. [7] — Flores fere *Qualeæ;* germinis loculis 3, ∞-ovulatis. Capsula ovoidea, crustacea v. lignosa, nunc subdrupacea; endocarpio ab exocarpio subcoriaceo soluto et septicide v. et loculicide 3-6-valvi; valvis a columella crasse 3-gona seminifera persistenteque solutis. Semina ∞, 2-seriata descendentia, in alam undique producta; embryone cæterisque *Qualeæ*. — Arbores resinosæ; foliis sub-2-stichis, ovatis v. oblongis; stipulis minimis; floribus [8] axillaribus lateralibusve solitariis pedunculatis. (*Brasilia* [9].)

1. Magnis v. majusculis, plerumque speciosis flavis, odoris.

2. Spec. ad 40. — Mart. et Zucc., *Nov. gen. et spec.*, I, 139, t. 83-92. — Pohl, *Pl. bras.*, II, 18, t. 111-119. — Walp., *Rep.*, II, 69; *Ann.*, II, 527.

3. *Guian.*, I, 5, t. 1, 2. — A. S. H., in *Mém. Mus.*, VI, 265. — DC., *Prodr.*, III, 28. — Endl., *Gen.*, n. 6069. — B. H., *Gen.*, 976, n. 2. — H. Bn, in *Payer Fam. nat.*, 352. — *Amphilochia* Mart., *Nov. gen. et spec.*, I, 127, t. 77. — DC., *Prodr.*, III, 26. — *Agardhia* Spreng., *Syst.*, I, 4 (nec Cabr., nec Gr.).

4. Calcar brevis v. 0 in *Q. ecalcarata* Mart., quæ *Schuechia* Endl. (*Gen.*, n. 6070), cui stamina nunc magna 2; fertili utroque v. altero nunc plus minus petaloideo.

5. Flavis, roseis v. cæruleis, majusculis v. speciosis; petalo deciduo.

6. Spec. ad 25. Mart., *Nov. gen. et spec.*, I, t. 77-81. — Reichb., *Fl. exot.*, t. 232. — Walp., *Rep.*, II, 68 (*Schuechia*), 915; *Ann.*, II, 527.

7. *Nov. gen. et spec.*, I, 123, t. 75, 76. — DC., *Prodr.*, III, 25. — Endl., *Gen.*, n. 6067. — B. H., *Gen.*, 976, n. 1. — H. Bn, in *Payer Fam. nat.*, 351. — *Callisthenia* Spreng., *Gen.*, n. 22.

8. Sæpius parvis v. majusculis.

9. Spec. 5, 6.

II. ERISMEÆ.

5. **Erisma** Rudge. — Flores irregulares hermaphroditi; receptaculo obconice concavo, postice in calcar cavum producto. Sepala 5, margini receptaculi inserta, inæqualia, persistentia. Petalum 1, anticum cum calyce insertum unguiculatum. Stamina 5, cum perianthio inserta; antici fertilis filamento subulato; anthera introrsa subhastato-lanceolata, 2-rimosa; posticis 4, inæquali-rudimentariis v. omnino abortivis. Germen intus et antice receptaculo adnatum, 1-loculare; loculo antico; stylo gracili, apice stigmatoso capitellato; ovulis 2, placentæ posticæ collateraliter insertis, adscendentibus, incomplete anatropis; micropyle extrorsum infera. Fructus coriaceus, indehiscens, intus adnatus receptaculo persistenti et sepalis accretis inæquali-aliformibus subfalcatis coriaceis venosis coronato. Semina 1, 2, linearia; embryonis exalbuminosi cotyledonibus elongato-angustis semicylindricis; radicula infera brevi. — Arbores; foliis oppositis petiolatis coriaceis; stipulis membranaceis, deciduis v. persistentibus; floribus in racemos ramoso-compositos terminales dispositis; pedicellis 2-bracteolatis. (*Guiana*, *Brasilia bor.*) — *Vid. p.* 96.

III. TRIGONIEÆ.

6. **Trigonia** Aubl. — Flores hermaphroditi irregulares; receptaculo apice obliquo subplano v. concaviusculo. Sepala 5, inæqualia, imbricata. Petala 5, alterna, imbricata, quorum concava v. cucullata 2, nunc gibbosa v. 1-lateraliter incrassata; 2 autem adscendentia membranacea; quinto maximo basi saccato v. galeato (quoad florem laterali). Stamina 4-12, leviter perigyna; filamentis basi in tubum brevem hinc fissum connatis, ad fissuram aut anantheris parvis, aut fertilibus cæterisque brevioribus; antheris introrsis, 2-rimosis. Germen liberum, obliquum, 3-loculare (hirsutissimum); stylo gracili, apice stigmatoso truncato, nunc obliquo v. cupulari; ovulis in loculis ∞, descendentibus. Capsula 3-gona, 3-locularis, septicida; valvarum medio septiferarum et a columella solutarum endocarpio cartilagineo sæpius ab exocarpio soluto. Semina ∞, lana gossypina involuta; albumine crasso carnoso; embryonis recti transversi cotyledonibus foliaceis; radicula brevi supera. — Frutices scandentes v. sarmentosi; foliis oppositis

simplicibus breviter petiolatis ; stipulis caducis ; floribus in racemos axillares v. sæpius terminales plus minus composito-ramosos cymiferos dispositis. (*America austr. bor.-or.*) — *Vid. p.* 97.

7. **Lightia** SCHOMB. — Flores irregulares ; receptaculo valde concavo obconico. Sepala 5, inæqualia, imbricata. Petala 3, cum calyce receptaculi margini inserta unguiculata late obovato-obcordata, convoluto-imbricata. Stamina fertilia 4, quorum majora 2, steriliaque 2–6, minuta, omnia basi 1-adelpha ; antheris fertilium oblongis, introrsis, 2-rimosis. Germen intus receptaculo suboblique adnatum dense araneosum, 3-loculare ; stylo elongato gracili, apice stigmatoso capitellato truncato v. 3-lobulato ; ovulis in loculis 2 ; altero descendente ; micropyle extrorsa. Capsula oblonga teres, 3-locularis, septicida ; valvarum endocarpio corneo ab exocarpio secedente ; seminibus...? — Arbores v. frutices ; ramulis hirsutis v. tomentosis ; foliis alternis integris petiolatis ; stipulis minutis, deciduis ; floribus racemosis ; pedicellis basi bracteatis. (*Guiana, reg. amazonica.*) — *Vid. p.* 99.

www.ingramcontent.com/pod-product-compliance
Ingram Content Group UK Ltd.
Pitfield, Milton Keynes, MK11 3LW, UK
UKHW012238240726
13966UKWH00003B/1148